本书由河源职业技术学院嵌入式技术应用省级高水平专业群建设项目资助出版

高等职业教育软件技术专业新形态教材

Java Web 应用技术项目化教程

主　编　黄日胜　方阿丽

副主编　曾水新　陈赵云　温继荣　张建庭

中国水利水电出版社
www.waterpub.com.cn
·北京·

内 容 提 要

本书主要讲述 Java Web 应用技术的基本内容，Java Web 应用技术是目前应用最为广泛的一种基于面向对象的 Web 应用软件开发技术。

本书分为两个单元共九个项目进行讲解，通过任务引领的方式有效融合 Java Web 基础知识、Web 前端基础等内容，主要包括搭建动态站点开发环境、使用 JSP 指令与脚本元素构建页面、使用内置对象处理请求响应数据、使用 JDBC 存取数据、使用 JSP 内置对象实现访问控制、使用 Servlet 处理请求与会话跟踪、使用 MVC 模式实现学生管理系统、使用数据库连接池优化系统、使用 EasyUI 优化 Web 系统前端。

本书具有内容讲解详细、深入浅出、可操作性强的特点，可作为大中专院校、各类计算机培训学校的 Java Web 应用基础学习教材。

图书在版编目（CIP）数据

Java Web应用技术项目化教程 / 黄日胜，方阿丽主编. -- 北京 : 中国水利水电出版社，2023.6
高等职业教育软件技术专业新形态教材
ISBN 978-7-5226-1513-4

Ⅰ. ①J… Ⅱ. ①黄… ②方… Ⅲ. ①JAVA语言－程序设计－高等职业教育－教材 Ⅳ. ①TP312.8

中国国家版本馆CIP数据核字(2023)第081548号

策划编辑：陈红华　责任编辑：王玉梅　加工编辑：杜雨佳　封面设计：李　佳

书　　名	高等职业教育软件技术专业新形态教材 Java Web 应用技术项目化教程 Java Web YINGYONG JISHU XIANGMUHUA JIAOCHENG
作　　者	主　编　黄日胜　方阿丽 副主编　曾水新　陈赵云　温继荣　张建庭
出版发行	中国水利水电出版社 （北京市海淀区玉渊潭南路 1 号 D 座　100038） 网址：www.waterpub.com.cn E-mail：mchannel@263.net（答疑） sales@mwr.gov.cn 电话：（010）68545888（营销中心）、82562819（组稿）
经　　售	北京科水图书销售有限公司 电话：（010）68545874、63202643 全国各地新华书店和相关出版物销售网点
排　　版	北京万水电子信息有限公司
印　　刷	三河市德贤弘印务有限公司
规　　格	184mm×260mm　16 开本　14 印张　358 千字
版　　次	2023 年 6 月第 1 版　2023 年 6 月第 1 次印刷
印　　数	0001—2000 册
定　　价	45.00 元

前　　言

目前，Java Web 使用十分广泛，是一种基于面向对象的 Web 应用软件开发技术，具有平台无关性、安全性、分布性、多线程等特点。当前职业教育倡导以岗位为导向，以任务驱动、教学做一体等模式进行教学。而教材是教学改革思想和教学实践成果的固化载体，为了使教材更能体现当前教学改革思想，内容更接近实际岗位的应用需要，编者通过对 Java Web 应用程序开发、维护人员岗位职业能力要求的调研，并分析其工作过程与任务，按照素质、知识与能力、职业资格标准等要求，将 Java Web 应用开发人员的工作流程与课程所对应的理论知识与实践知识合理有效地整合，同时采用更有利于实施任务驱动、教学做一体的教学模式来组织编写，最终形成本书。本书的主要特点如下：

（1）面向教学全过程，循环递进地组织教学内容。在内容组织上，本书以学生管理系统为载体，以图书商城为实训项目，通过引导资料—任务实施—知识延展—拓展任务这一过程来进行内容编排，讲解 Java Web 知识体系。其中，任务实施环节注重示范，包括知识点的应用、程序设计思路与步骤、编码与测试等工作；知识延展环节主要是对任务中的知识进行讲解，通过知识样例进行示范，以加深学生对知识点的认识程度；拓展任务环节主要由学习者自己完成，以提高知识的应用能力，在实际教学中可根据课时的要求将此环节安排在课内或课外。

（2）针对职业岗位突显主流技术，课证融合。本书在职业岗位的指引下，围绕项目任务进行技能训练，结合相关的“1+X”证书内容，整合 Java Web 应用技术、数据库技术、Web 前端技术等内容，有效地讲解了 Java Web 应用程序设计的过程、编码、调试、部署生成等工作任务及知识。本书采用当前使用广泛的 Eclipse 集成开发工具进行案例开发，可更好地结合目前工作岗位的实际情况，同时融入“课程思政”，强化职业规范，提升学生的职业意识。

本书共分为两个单元。第一单元为使用 JSP 实现学生管理系统，主要包括搭建动态站点开发环境、使用 JSP 指令与脚本元素构建页面、使用内置对象处理请求响应数据、使用 JDBC 存取数据、使用 JSP 内置对象实现访问控制五个项目，系统介绍了 Java Web 基础知识、JDBC 及相关的常用类库；第二单元为使用 MVC 升级学生管理系统，主要包括使用 Servlet 处理请求与会话跟踪、使用 MVC 模式实现学生管理系统、使用数据库连接池优化系统、使用 EasyUI 优化 Web 系统前端四个项目，详细介绍了 Servlet 技术、MVC 开发模式、数据库连接池、EasyUI 前端框架等。本书内容安排合理，讲解循序渐进，既能体现任务驱动、教学做一体的思想，又能系统地将各知识点有机结合，有利于激发读者兴趣、增强理解与记忆，提高技能。

本书由河源职业技术学院黄日胜、方阿丽任主编，河源职业技术学院曾水新、陈赵云、张建庭以及赣州职业技术学院温继荣任副主编。东莞职业技术学院谢志伟以及广州粤嵌通信科技股份有限公司的冯宝祥、陈志凌、张毅恒等参与了本书的编写工作。

本书由河源职业技术学院嵌入式技术应用省级高水平专业群建设项目资助出版，特此致谢！本书为广东省精品资源共享课程“Web 应用技术”的配套教材，配有完整的课件、实例源码、习题、试题库、操作视频等，可直接在学银在线网络教学空间（https://www.xueyinonline.com/detail/227408805）学习。

由于编者水平有限，书中难免存在错误与不足之处，恳请广大读者批评指正，并将意见和建议及时反馈，以便下次修订改进。

编 者

2022 年 12 月

目　　录

前言

第一单元　使用 JSP 实现学生管理系统

项目一　搭建动态站点开发环境 …………………… 2
引导资料：学生管理系统项目综述……………… 2
任务 1-1　系统开发工具下载与安装 …………… 7
任务 1-2　在 Eclipse 中配置应用服务器………… 9
任务 1-3　在 Eclipse 中创建学生管理系统…… 13
任务 1-4　创建学生管理系统登录页面………… 16
任务 1-5　部署与运行学生管理系统 …………… 17
知识延展：Web 应用开发中的常见问题 ……… 20
拓展任务……………………………………………… 21
课后习题……………………………………………… 24
项目二　使用 JSP 指令与脚本元素构建页面 ……25
引导资料：JSP 简介 ……………………………… 25
任务 2-1　创建 JSP 页面：系统模块信息列表页…………………………… 25
任务 2-2　系统主页面实现……………………… 32
任务 2-3　完善系统模块信息列表页 …………… 36
知识延展：JavaScript 在 JSP 脚本程序中的使用…………………………………… 38
拓展任务……………………………………………… 40
课后习题……………………………………………… 43
项目三　使用内置对象处理请求响应数据 ………44
引导资料：HTML 表单 …………………………… 44
任务 3-1　登录页面中表单数据的处理………… 46
任务 3-2　页面自动刷新…………………………… 51
任务 3-3　集成 JavaScript 实现表单信息验证…… 52
知识延展：HTTP 协议数据分析 ………………… 53
知识延展：JSP HTTP 状态码…………………… 57
拓展任务……………………………………………… 58
课后习题……………………………………………… 59
项目四　使用 JDBC 存取数据 ……………………60
引导资料：JDBC 概述 …………………………… 60
任务 4-1　MySQL JDBC 类库的使用 ………… 61
任务 4-2　使用 Statement 接口实现模块信息增删改查 ……………………… 68
任务 4-3　使用 PreparedStatement 接口实现角色信息增删改查 ………………… 77
知识延展：JDBC 相关 API……………………… 83
拓展任务……………………………………………… 84
课后习题……………………………………………… 85
项目五　使用 JSP 内置对象实现访问控制………86
引导资料：session 对象概述…………………… 86
任务 5-1　使用 session 实现用户访问控制 …… 87
任务 5-2　为所有页面增加访问控制 ………… 88
任务 5-3　使用 application 对象统计系统页面访问次数 ……………………… 89
知识延展：JSP 作用域及内置对象 …………… 91
拓展任务……………………………………………… 94
课后习题……………………………………………… 95

第二单元　使用 MVC 升级学生管理系统

项目六　使用 Servlet 处理请求与会话跟踪 ……97
引导资料：Servlet 简介 ………………………… 97
任务 6-1　创建与运行用户信息 Servlet 程序 …… 98
任务 6-2　使用 Servlet 设计用户信息管理模块 ……………………………102
任务 6-3　使用 Servlet 改造用户登录程序 …… 122

知识延展：Servlet 与 JSP 的关系 …………… 124
拓展任务……………………………………… 126
课后习题……………………………………… 128
项目七　使用 MVC 模式实现学生管理系统 …… 129
引导资料：MVC 设计模式 …………………… 129
任务 7-1　设计学生信息管理模块的 JavaBean 程序 ……………………… 130
任务 7-2　设计学生信息管理模块的 Servlet 控制程序 …………………… 144
任务 7-3　设计学生信息管理模块的 JSP 页面 …………………………… 146
任务 7-4　优化通用数据访问类的设计 ……… 154
拓展任务……………………………………… 165
课后习题……………………………………… 165
项目八　使用数据库连接池优化系统 ………… 166
引导资料：数据库连接池…………………… 166
任务 8-1　Druid 数据库连接池工具类程序的设计 ………………………… 168
任务 8-2　使用 Druid 数据库连接池优化登录程序 ……………………………… 176
任务 8-3　使用连接池优化通用数据访问类 ………………………………… 177
知识延展：Druid 监控功能的使用 ………… 179
拓展任务……………………………………… 181
课后习题……………………………………… 181
项目九　使用 EasyUI 优化 Web 系统前端 …… 182
引导资料：EasyUI 概述 …………………… 182
任务 9-1　使用 EasyUI 搭建系统框架 ……… 187
任务 9-2　课程信息模块的实现 …………… 201
拓展任务……………………………………… 217
课后习题……………………………………… 217
参考文献……………………………………… 218

第一单元

使用 JSP 实现学生管理系统

项目一　搭建动态站点开发环境

学习目标：

- 能搭建 Java Web 程序的开发环境。
- 能正确配置 Tomcat 应用服务器。
- 能创建并运行一个 Java Web 应用程序。

重难点：

- 重点：Java Web 应用程序创建与运行。
- 难点：Tomcat 应用服务器配置。

思政元素：

- 实事求是，锐意进取。

引导资料：学生管理系统项目综述

学生管理系统项目综述

本书选用学生管理系统为载体，主要考虑到大家对学生管理系统的业务流程相对较熟悉，有助于学习理解相关知识。下面分别简述学生管理系统的功能需求、软硬件环境要求和系统设计。

1. 功能需求简述

学生管理系统主要包括专业信息管理、班级信息管理、学生基本信息管理、课程信息管理、成绩管理等内容。

（1）能存取专业信息情况。主要存取专业代码、专业名称等信息，仅有系统管理人员能进行增改操作。

（2）能存取班级信息情况。主要存取班级代码、班级名称等信息，仅有系统管理人员能进行增改操作。

（3）能存取学生基本信息情况。主要存取学生的学号、姓名、性别、出生日期、照片、班级、联系地址、联系电话等信息。仅有系统管理人员能进行增改操作。学生本人能查看信息。

（4）能存取课程信息情况。主要存取课程的课程编号、课程名称等信息，仅有系统管理人员能进行增改操作。

（5）能存取学生成绩情况。主要存取学生的学习成绩，包括平时成绩、期末成绩、总评成绩、考试时间等信息。仅有系统管理人员能进行增改操作。

（6）能进行系统用户管理。通过加密方式存放用户密码。学生用户信息在增加学生时加入。

（7）能进行系统角色管理。主要包括系统管理员、学生等角色。

系统实现后的整体样式如图 1-1 所示。

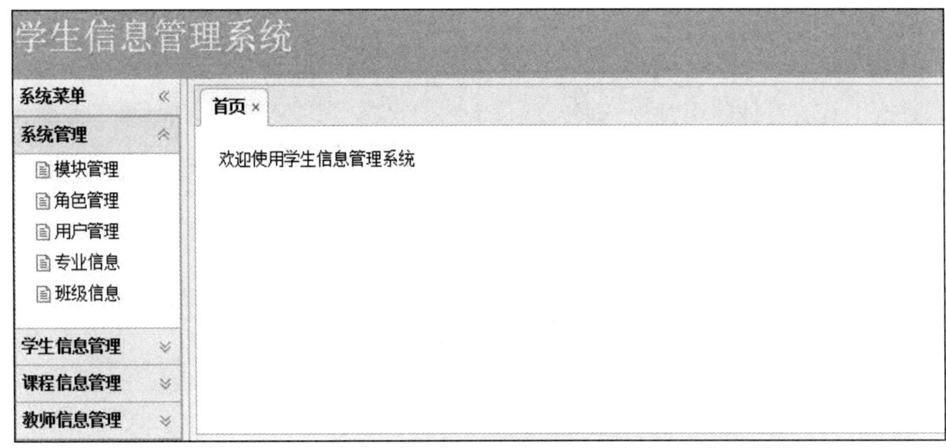

图 1-1　学生信息管理系统主页面

2. 软硬件环境要求

基于学生管理系统的功能需求及具体业务情况，需选择以下软硬件环境进行系统开发。

（1）服务器硬件：CPU Intel i3 及以上，内存 4GB 及以上。

（2）Web 应用服务器 Tomcat6.0 及以上。

（3）数据库：MySQL5.0 及以上。

（4）操作系统：Windows Server 2008 及以上。

3. 系统设计

根据学生管理系统的功能业务需求，从系统架构选取、数据库结构设计、功能模块设计、网页技术选择、开发环境及软件工具选择方面对本系统设计进行简要陈述。

（1）系统架构选取。本系统将采用 B/S（Browser/Server）架构，即浏览器和服务器架构模式。B/S 架构示意图如图 1-2 所示。客户端：即用户使用的浏览器，用户通过浏览器界面向服务器端发出请求，并对服务器端返回的结果进行处理和展示。服务器端：接受用户的请求并对这些请求进行处理，然后将结果返回给用户。

B/S 架构的优点是总体拥有成本低、维护方便、分布性强、客户端零维护、系统扩展便捷，其较明显的不足之处是网络通信开销较大，系统和数据的安全性保障难度高。

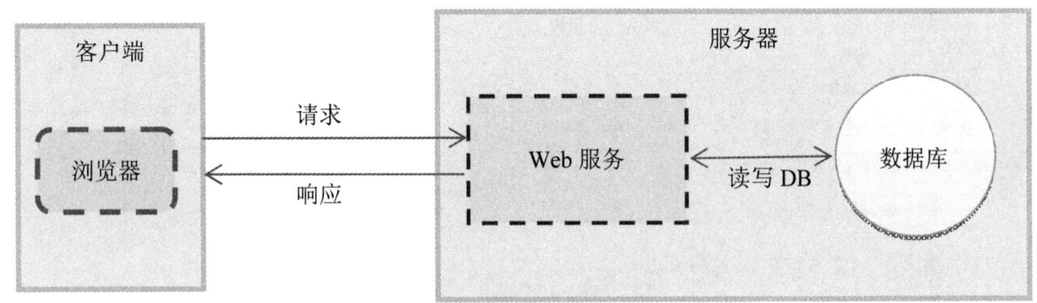

图 1-2　B/S 架构示意图

（2）数据库结构设计。本系统选用 PowerDesign 工具进行数据库结构设计。PowerDesign 是赛贝斯（Sybase）公司推出的数据库设计工具，其致力于采用基于实体-关系（Entity-Relation）的数据模型，分别从概念数据模型（Conceptual Data Model）和物理数据模型（Physical

Data Model）两个层次对数据库进行设计。概念数据模型描述的是独立于数据库管理系统的实体定义和实体关系定义，物理数据模型是在概念数据模型的基础上针对目标数据库管理系统的具体化。对该工具的具体使用过程感兴趣的读者可查阅其他书籍资料，此处由于篇幅限制不展开详述。

1）概念数据模型设计。从本系统的业务需求中可知，本系统主要包括专业、班级、教师、学生、课程、课程教学、用户、角色、系统模块实体。这些实体之间的关系如图 1-3 所示。

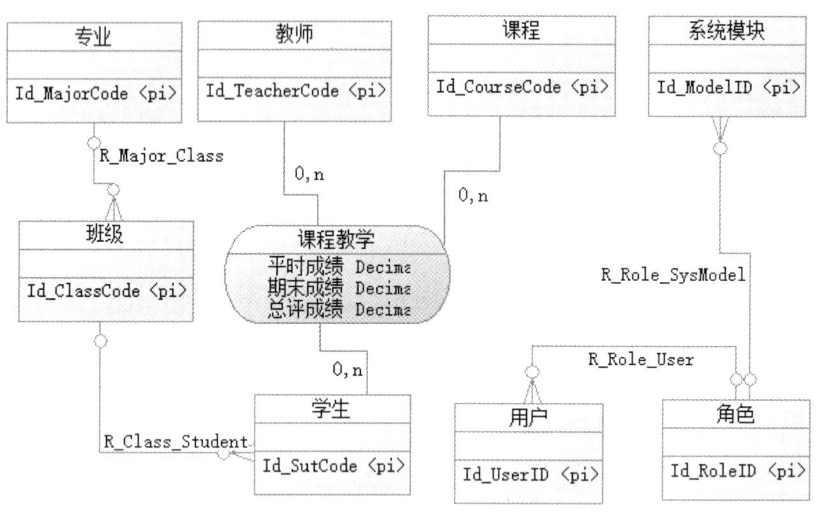

图 1-3　系统概念数据模型图

2）物理数据模型设计。概念数据模型可快速转换为基于 MySQL 数据库的物理数据模型，如图 1-4 所示。

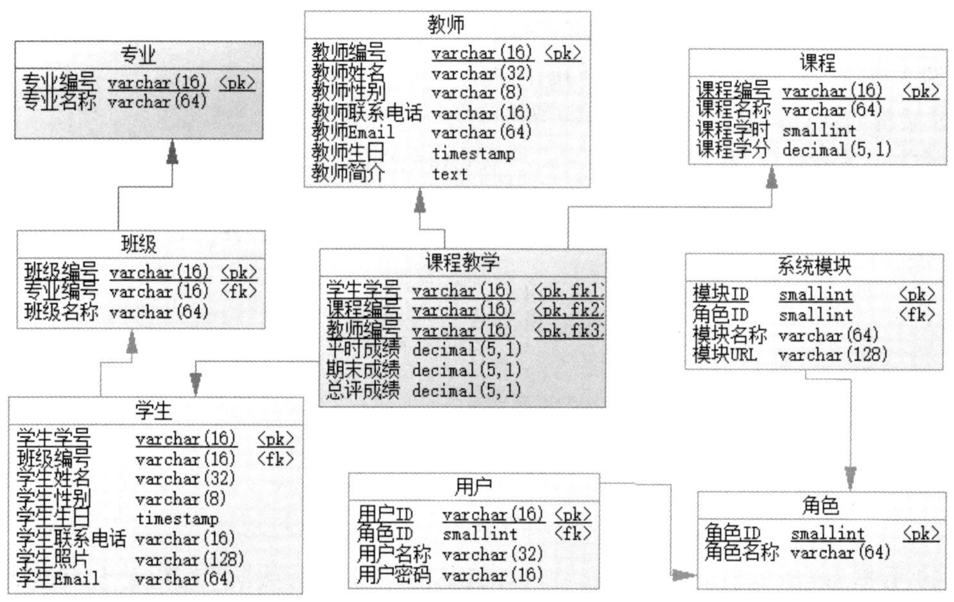

图 1-4　系统物理数据模型图

在 PowerDesign 中可将物理数据模型直接转换为针对 MySQL 数据库的一系列 SQL 语句，执行这些 SQL 语句即可生成对应的数据库表，各数据库表的结构见表 1-1～表 1-9。

表 1-1　专业信息表结构

序号	名称	代码	类型	约束
1	专业编号	MajorCode	varchar(16)	主键
2	专业名称	MajorName	varchar(64)	

表 1-2　班级信息表结构

序号	名称	代码	类型	约束
1	班级编号	ClassCode	varchar(16)	主键
2	专业编号	MajorCode	varchar(16)	外键
3	班级名称	ClassName	varchar(64)	

表 1-3　学生基本信息表结构

序号	名称	代码	类型	约束
1	学生学号	StuCode	varchar(16)	主键
2	班级编号	ClassCode	varchar(16)	外键
3	学生姓名	StuName	varchar(32)	
4	学生性别	StuSex	varchar(8)	
5	学生生日	StuBirth	timestamp	
6	学生联系电话	StuPhone	varchar(16)	
7	学生照片	StuPic	varchar(128)	
8	学生 Email	StuEmail	varchar(64)	

表 1-4　教师基本信息表结构

序号	名称	代码	类型	约束
1	教师编号	TeacherCode	varchar(16)	主键
2	教师姓名	TeacherName	varchar(32)	
3	教师性别	TeacherSex	varchar(8)	
4	教师联系电话	TeacherPhone	varchar(16)	
5	教师 Email	TeacherEmail	varchar(64)	
6	教师生日	TeacherBirth	timestamp	
7	教师简介	TeacherProfile	text	

表 1-5 课程信息表结构

序号	名称	代码	类型	约束
1	课程编号	CourseCode	varchar(16)	主键
2	课程名称	CourseName	varchar(64)	
3	课程学时	CourseHours	smallint	
4	课程学分	CourseCredit	decimal(5,1)	

表 1-6 成绩情况表结构

序号	名称	代码	类型	约束
1	学生学号	StuCode	varchar(16)	主键
2	课程编号	CourseCode	varchar(16)	外键
3	教师编号	TeacherCode	varchar(16)	
4	平时成绩	UsualScore	decimal(5,1)	
5	期末成绩	FinalScore	decimal(5,1)	
6	总评成绩	TotalScore	decimal(5,1)	

表 1-7 用户信息表结构

序号	名称	代码	类型	约束
1	用户 ID	UserID	varchar(16)	主键
2	角色 ID	RoleID	smallint	外键
3	用户名称	UserName	varchar(32)	
4	用户密码	UserPassword	varchar(16)	

表 1-8 模块信息表结构

序号	名称	代码	类型	约束
1	模块 ID	ModelID	smallint	主键
2	角色 ID	RoleID	smallint	外键
3	模块名称	ModelName	varchar(32)	
4	模块 URL	ModelUrl	varchar(128)	

表 1-9 角色信息表结构

序号	名称	代码	类型	约束
1	角色 ID	RoleID	smallint	主键
2	角色名称	RoleName	varchar(64)	

（3）功能模块设计。根据本系统的业务需求，设计了专业管理、班级管理、学生信息管理等 9 个功能模块，相应的功能模块说明见表 1-10。

表 1-10　功能模块表

序号	模块名称	模块内容
1	专业管理	增加、修改、删除及查询专业信息，仅管理员操作
2	班级管理	增加、修改、删除及查询班级信息，仅管理员操作
3	学生信息管理	增加、修改、删除及查询学生基本信息，学生用户只可查询自己的信息
4	成绩管理	增加、修改、删除及查询学生成绩信息，学生用户只可查询自己的成绩，教师用户只可增加、修改、删除及查询自己授课课程的成绩
5	课程管理	增加、修改、删除及查询课程信息，仅管理员操作
6	教师信息管理	增加、修改、删除及查询教师信息，仅管理员操作
7	用户管理	增加、修改、删除及查询系统用户信息，仅管理员操作
8	角色管理	增加、修改、删除及查询系统角色信息，仅管理员操作
9	系统模块管理	增加、修改、删除及查询系统模块信息，仅管理员操作

（4）网页技术选择。本系统将基于 Java 程序语言构建一个动态 Web 应用，Web 系统中前端多以网页形式呈现。

网页是一个包含 HTML 标签的纯文本文件，它可以存放在任何一台计算机中，文件扩展名可以为.html、.htm、.jsp、.php 等，一般情况下网页要通过网页浏览器来阅读。通常，根据网页制作技术的不同把网页分成两大类型：静态网页和动态网页。

在网站设计中，纯粹超文本标记语言格式的网页通常被称为静态网页。静态网页随着 html 代码的生成，页面的内容和显示效果基本上不会发生变化，除非用户修改页面代码。静态网页通常以.htm、.html、.shtml、.xml 等为后缀。

所谓的动态网页，指的是页面代码不变但显示的内容可以随着时间、环境或者数据库操作的结果而发生改变的网页。动态网页在设计中通常需融合 Java、C#、PHP 等程序设计语言，以及 html 语法规范和数据库编程等多种技术，常见的文件后缀有.aspx、.jsp、.php 等。

（5）开发环境及软件工具选择。根据学生管理系统的功能需求及具体业务情况，将选择以下软硬件工具进行系统开发。

1）Web 应用服务器：Tomcat8.5。

2）数据库：MySQL8.0。

3）操作系统：Windows 10。

4）IDE：eclipse-jee-2020-06-R-win32-x86_64。

5）JDK：jdk-8u251-windows-x64。

6）前端插件：jquery-easyui-1.8.6。

任务 1–1　系统开发工具下载与安装

任务目标

能根据团队情况及业务要求合理选用 Java Web 应用开发工具，并下载安装。

任务要求

Java Web 应用开发中有许多优秀的开发工具，如 Eclipse、Idea 等。在安装这些开发工具之前务必完成 JDK 的安装。本次任务要求完成 JDK、Eclipse、Tomcat、MySQL 等工具的下载与安装。

实施过程

1. JDK 的下载与安装

JDK 是Java语言的软件开发工具包，是整个 Java 开发的核心，它包含了 Java 的运行环境（JVM+Java 系统类库）和 Java 工具。JDK 与操作系统关联，下载 JDK 时应选择本机操作系统的对应版本，这里用 Windows 版本。

（1）JDK 的下载。JDK 目前常用的 Windows 版本是 JDK1.8，其下载地址：https://www.oracle.com/java/technologies/downloads/#java8-windows。注意：也可以根据需要下载适合的版本。

（2）JDK 的安装。双击安装文件进入安装向导，单击 Next 按钮进行安装，选择默认安装即可。Java 运行环境（Java Runtime Environment，JRE）是可支持运行、测试和传输应用程序的Java 平台，它包括 Java虚拟机（JVM）、Java 核心类库和支持文件，这些内容在 JDK 安装过程已经自带，也可以根据需要单独下载软件安装。一般情况下，JDK 安装后需要进行环境变量设置，其步骤如下：

第一步，打开“环境变量”对话框，选择“系统属性”→“高级系统设置”→“环境变量”选项。

第二步，在“系统变量”中选中 Path 变量进行编辑，将 JDK 安装目录下的 bin 文件夹的路径添加其中。

第三步，在“系统变量”中新建 Classpath 环境变量，将 JDK 安装目录下的 lib 文件夹的路径添加其中，即可完成配置。

2. Eclipse IDE 的下载与安装

IDE 全称是 Integrated Development Environment，中文名称为集成开发环境，是用于提供程序开发环境的一种应用程序，一般包括代码编辑器、编译器、调试器和图形用户界面工具，集成了代码编写功能、分析功能、编译功能、调试功能，是一体化的开发工具软件。目前，基于 Java 的开发平台有很多，Eclipse 是一个开放源代码的、基于 Java 的可扩展开发平台。

（1）Eclipse IDE 的下载。Eclipse IDE 更新速度较快，实际开发中不一定要下载最高版本，根据需要下载适合的版本即可，其下载地址：https://www.eclipse.org/downloads/。本书下载的版本为 eclipse-jee-2020-06-R-win32-x86_64。

（2）Eclipse IDE 的安装。在安装 Eclipse IDE 之前要先安装 JDK。若下载的 Eclipse 为解压版的，则解压缩后即可使用；若下载的 Eclipse 为安装版的，则双击安装程序，根据提示完成安装。

在安装完 Eclipse IDE 之后，可双击 eclipse.exe 打开集成开发环境，选择 workspace 工作空间，该工作空间即为未来创建项目时的默认目录。工作空间若不重新选择，一般默认在安装路径下。建议重新选择工作空间，以方便对项目进行管理。Eclipse IDE 相关配置将在后面相关章节详细介绍。

3. Tomcat 的下载与安装

Tomcat 服务器是一个免费的、开放源代码的 Web 应用服务器，属于轻量级应用服务器。目前，Tomcat 是开发和调试 JSP 程序的首选服务器，被普遍应用在中小型应用系统，以及并发访问用户数量不多的场景中。Tomcat 是 Apache 服务器的扩展，但它是独立运行的，所以当运行 Tomcat 时，它实际上是作为一个独立于 Apache 的进程单独运行的。

（1）Tomcat 的下载。Tomcat 应用服务器软件的下载地址：http://tomcat.apache.org/。可根据需要下载适合的版本，本书中使用的是 Tomcat 8.5。

（2）Tomcat 的安装。双击安装文件进入安装向导，单击 Next 按钮进行安装，安装过程中注意以下 4 点：

（1）选择安装类型。安装类型分为 Normal（正常）、Minimum（最小）、Full（完全）、Custom（典型）4 种，建议选择 Full（完全）类型安装。

（2）端口号默认为 8080，可以在安装时进行修改。

（3）根据实际情况设置管理端的用户名和密码。

（4）安装结束后，可启动服务进行测试。当 Tomcat 服务启动后，打开浏览器，输入 http://localhost:8080 或 http://127.0.0.1:8080，若出现 Apache Tomcat 运行管理界面，则说明 Tomcat 安装成功。

4. MySQL 数据库软件的下载与安装

MySQL 是一个小型关系型数据库管理系统，目前为甲骨文（Oracle）公司产品。由于其体积小、速度快、总体拥有成本低，并且开放源码，被许多中小型企业选择使用。

（1）MySQL 数据库软件的下载。MySQL 数据库软件的下载地址：https://downloads.mysql.com/archives/community/。可以根据需要下载适合的版本，本书选用的版本为 MySQL8.0。

（2）MySQL 数据库软件的安装。解压安装包后双击安装文件（建议以管理员身份运行）进入安装向导，单击 Next 按钮进行安装，安装过程中注意以下 4 点：

（1）默认字符集：utf8（8.0 以上版本默认 utf8mb4，不用改，其他版本建议修改为 utf8）。

（2）默认端口号：3306，可以修改。

（3）超级用户：root，密码自行设置。

（4）不要默认启动服务，实际使用时再启动，以节约系统资源。

注：安装好数据库后，务必先导入本书提供的 SQL 语句，以方便后续使用。

任务 1–2 在 Eclipse 中配置应用服务器

在 Eclipse 中配置应用服务器

任务目标

能在 Eclipse 中正确配置、开启与关闭 Tomcat 应用服务器。

任务要求

为确保 Java Web 应用程序能正确地运行，需为 Java Web 应用程序配置一个应用服务器。

注：一般在第一次打开并使用 Eclipse，或在创建、运行项目时，均需配置应用服务器。

实施过程

（1）打开 Eclipse，在菜单栏中选择 File→New→Other 选项，如图 1-5 所示。

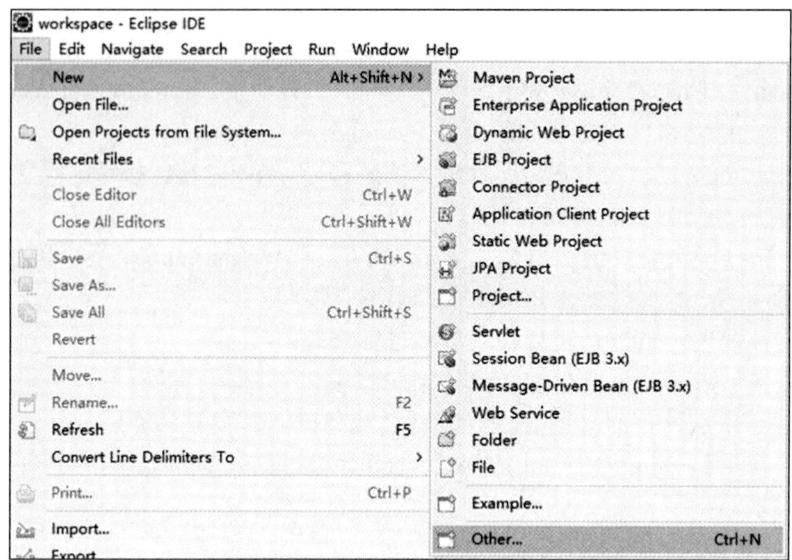

图 1-5　Other 选项

（2）在出现的如图 1-6 所示的 New 窗口中，选择 Server→Server 选项，将出现如图 1-8 所示的 New Server 窗口。

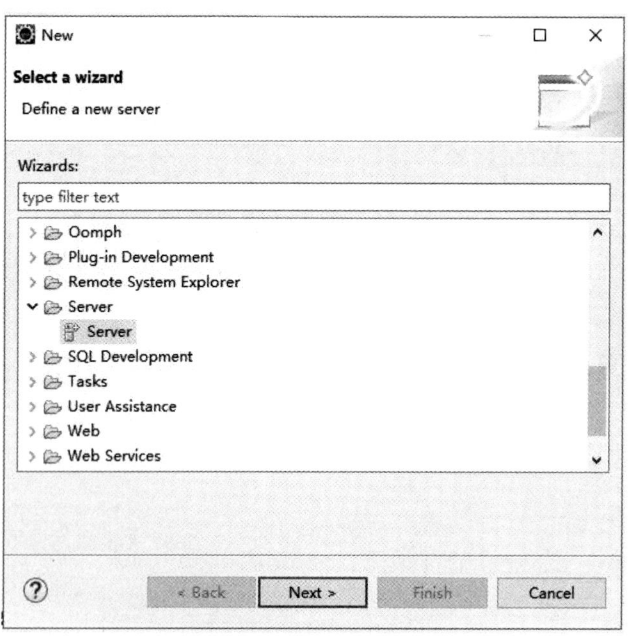

图 1-6　在 New 窗口中选择 Server 选项

或者在打开的 Eclipse 界面下方，选中 Servers 选项卡，如图 1-7 所示。单击 Servers 选项卡中的链接，即“No servers are available...”，进入如图 1-8 所示的 New Server 窗口。

图 1-7　选择“No servers are available...”链接

（3）在 New Server 窗口中选择 Apache→Tomcat v8.5 Server（根据实际情况选择版本）选项，在 Server's host name 文本框中输入 localhost，在 Server name 文本框中输入 Tomcat85（名字自取），单击 Next 按钮，进入如图 1-9 所示的窗口。单击 Browse 按钮，选择 Tomcat 的安装路径，同时在 Name 文本框中输入 Tomcat85，JRE 选择安装好的对应版本即可。单击 Finish 按钮后即将 Tomcat 关联到 Eclipse 平台中了。

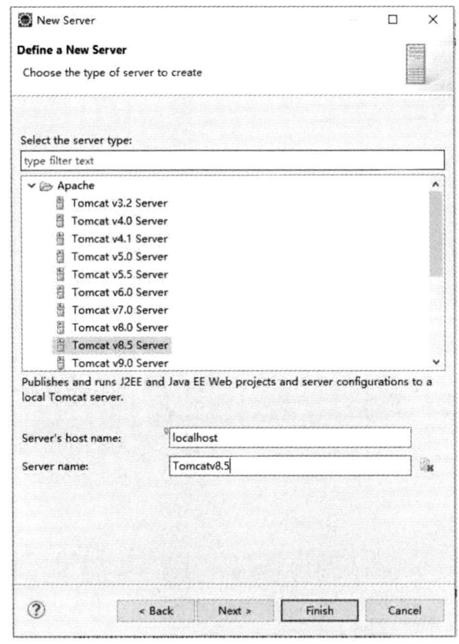

图 1-8　New Server 窗口

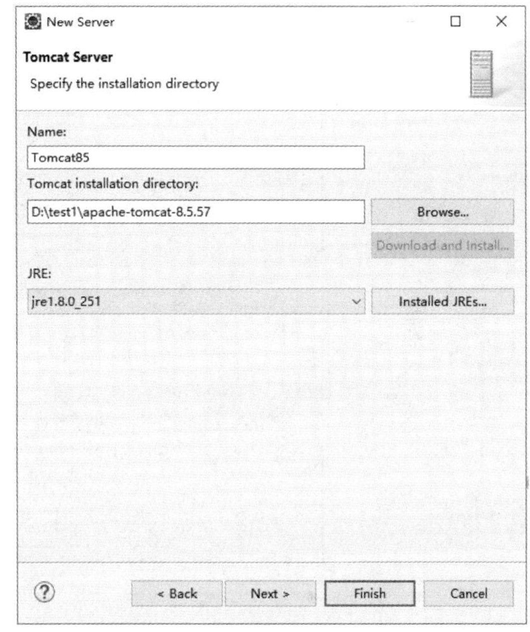

图 1-9　配置 Tomcat 服务窗口

（4）在 Eclipse 的 Project Explorer 选项卡中会出现 Server，如图 1-10 所示。

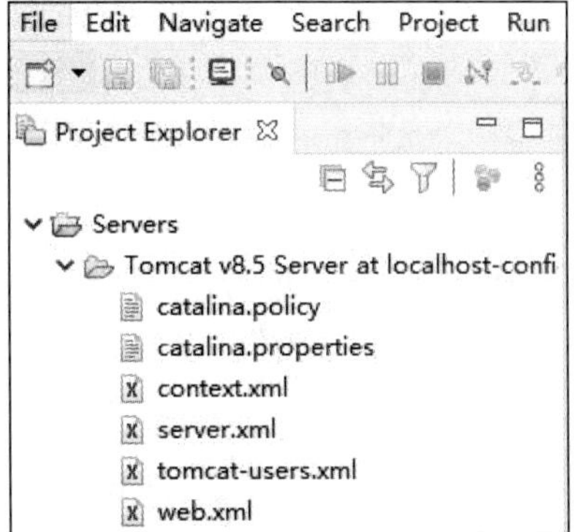

图 1-10　新建 Server 后在项目预览中的结果

下侧 Servers 选项卡中也会出现如图 1-11 所示的变化。

图 1-11 新建 Server 后 Servers 选项卡中的结果

（5）在 Servers 选项卡（图 1-11）中双击 Tomcat85，其上方编辑区将出现如图 1-12 和图 1-13 所示的配置页面。在 Server Locations 中选中第二个单选按钮，即“Use tomcat Installation (takes control of Tomcat installation)”，部署时会便捷一些。在 Ports 栏中将 Web 程序访问端口改为当前计算机没有占用的端口即可，Tomcat 一般的默认配置端口为 8080。

Overview

General Information

Specify the host name and other common settings.

Server name: Tomcat85

Host name: localhost

Runtime Environment: Tomcat85

Configuration path: /Servers/Tomcat85-config Browse...

Open launch configuration

Server Locations

Specify the server path (i.e. catalina.base) and deploy path. Server must be published with no modules present to make changes.

Use workspace metadata (does not modify Tomcat installation)

Use Tomcat installation (takes control of Tomcat installation)

Use custom location (does not modify Tomcat installation)

Server path: D:\test1\apache-tomcat-8.5.57 Browse...

Set deploy path to the default value (currently set)

Deploy path: wtpwebapps Browse...

图 1-12 Tomcat 配置页面（1）

Publishing

Timeouts

Ports

Modify the server ports.

Port Name	Port Number
Tomcat admin port	8222
HTTP/1.1	8180

MIME Mappings

图 1-13 Tomcat 配置页面（2）

（6）在 Servers 选项卡（图 1-11）中的 Tomcat85 上右击，将出现如图 1-14 所示的菜单，选择 Start 选项，即可运行 Tomcat。运行后在 Tomcat85 上右击，将出现如图 1-15 所示的菜单，选择 Stop 选项，即可关闭 Tomcat。

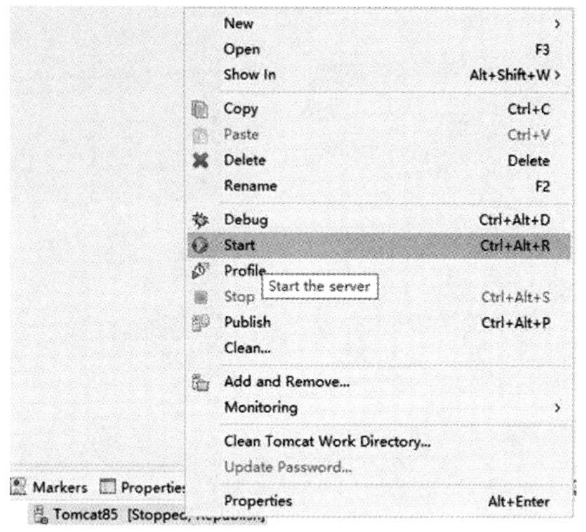

图 1-14　开启 Tomcat

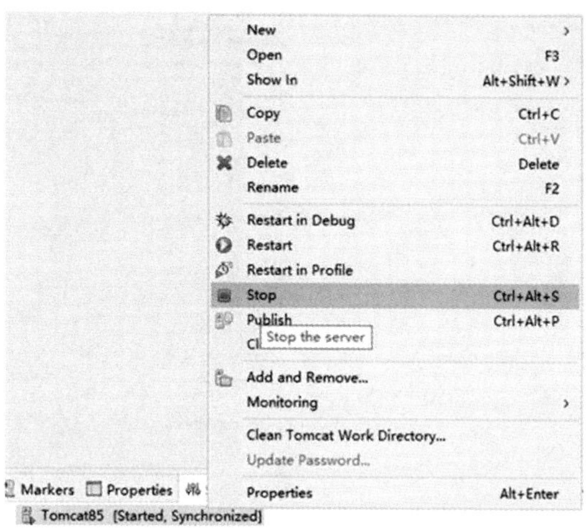

图 1-15　关闭 Tomcat

任务 1–3　在 Eclipse 中创建学生管理系统

在 Eclipse 中创建学生管理系统

任务目标

能正确创建 Java Web 应用项目，了解在 Eclipse 中创建 Web 应用项目的一般步骤和项目文件结构。

任务要求

根据学生信息管理系统的设计结果，在 Eclipse 中创建一个名为 StudentPro 的 Java Web 应用项目。

实施过程

（1）打开 Eclipse，选择 File→New→Dynamic Web Project 选项，如图 1-16 所示。

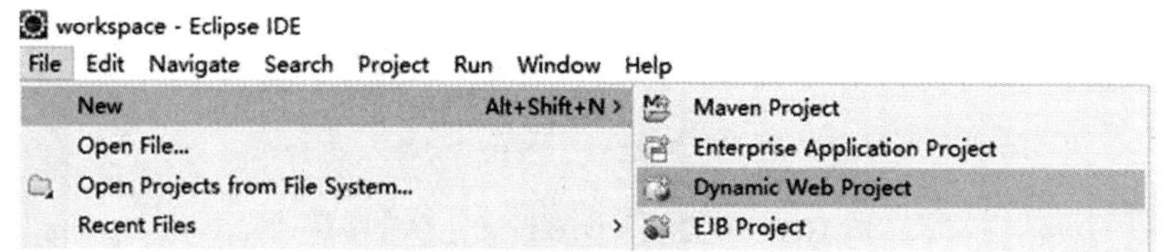

图 1-16　Dynamic Web Project 选项

（2）在弹出的 New Dynamic Web Project 窗口（图 1-17）中，完成对应内容的填写工作：在 Project name 文本框中输入项目名称，本项目取名为 StudentPro；在 Project Location 中指定

当前项目的存放路径，本项目选用默认的工作空间；在 Target runtime 处选择配置好的应用服务器 Tomcat85，若没有合适的，可单击 New Runtime 按钮创建一个新的应用服务器；其他条目暂时默认（后续开发中可根据需要选择）。然后单击 Finish 按钮，即可完成新项目的创建。

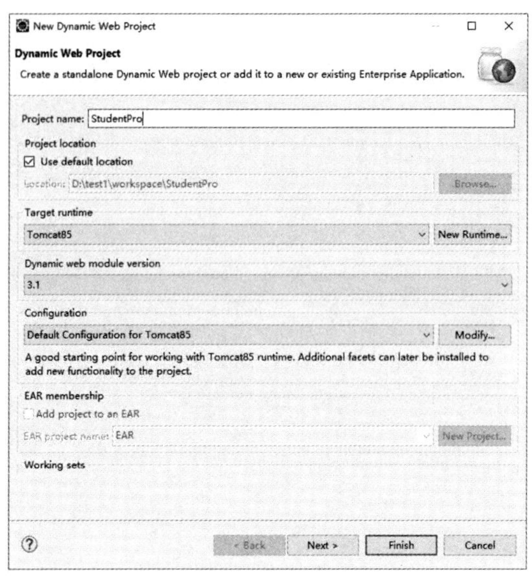

图 1-17　新建动态站点项目窗口

若要修改相关配置，则需单击 Next 按钮，如图 1-18 所示，用于配置源文件的存放路径。最后单击 Finish 按钮。

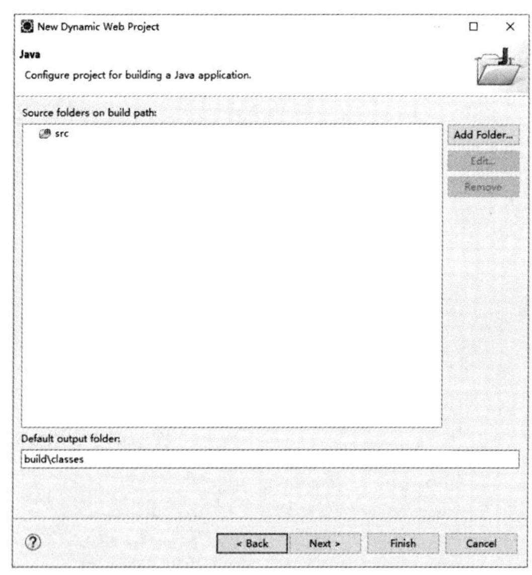

图 1-18　新建项目配置源文件存放路径

若要修改其他配置，则需单击 Next 按钮，如图 1-19 所示，用于设置 Web 模块。其中，Context root 为部署后虚拟的上下文根路径，Context directory 为 Web 应用前端程序文件根目录。此处勾选 Generate web.xml deployment descriptor 复选框，Eclipse 将自动建立一个 web.xml 配置文件，后续的 Servlet 等程序将使用该文件进行配置。单击 Finish 按钮，即创建了一个动态 Web 应用项目 StudentPro。

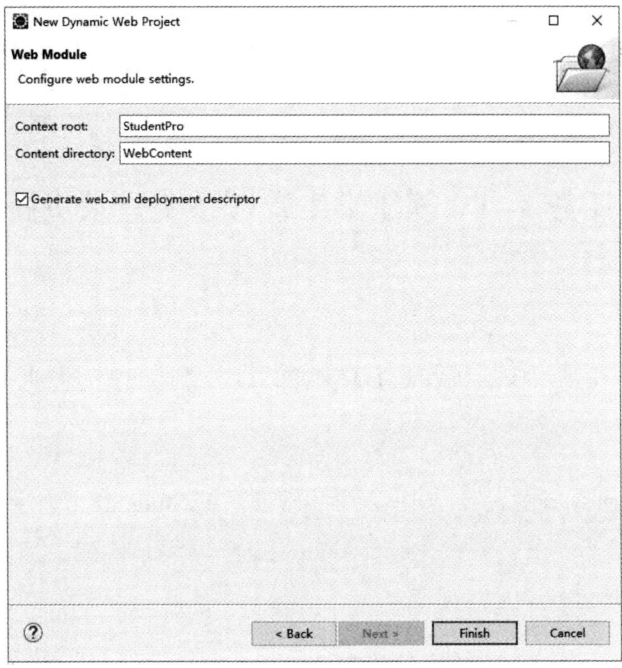

图 1-19　新建项目配置 Web 模块

知识解析：项目文件结构

在 Project Explorer 选项卡中展开项目，其项目文件结构如图 1-20 所示。

图 1-20　项目文件结构

（1）“Deployment Descriptor: StudentPro”为部署描述文件。

（2）JAX-WS Web Services 为基于 JAX-WS 的 Web Services 相关文件。

（3）Java Resources 为 Java 源代码相关文件，其中 src 中存放源代码，Libraries 下展示关

联进来的类库，build 下为编译后相关文件的存放位置。

（4）WebContent 为 Web 应用前端程序文件的根目录，其中 META-INF 存放系统描述信息，WEB-INF 存放类库及相关 Web 应用配置信息，一般该目录不能被引用，即其中的文件无法对外发布，用户一般无法访问到。在 WEB-INF 中，lib 目录用于存放 Web 应用所需的 jar 或 zip 类库包，如数据库驱动；web.xml 文件为 Web 应用的初始化配置文件，一般不要将其删除或随意修改。在 WebContent 目录下可根据需要建立其他目录或文件。

任务 1-4　创建学生管理系统登录页面

创建学生管理系统登录页面

任务目标

能在 Java Web 应用项目中正确创建 HTML 网页，了解 HTML 网页的基本结构。

任务要求

根据学生信息管理系统的设计结果，在学生管理系统 StudentPro 项目中创建一个用于用户登录的 HTML 页面。

实施过程

（1）在 WebContent 上右击，在弹出的菜单中选择 New→HTML File 选项，如图 1-21 所示。

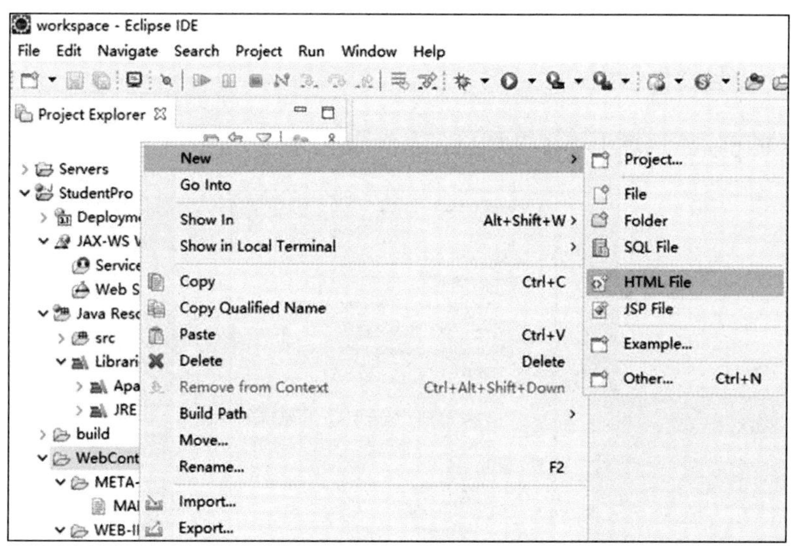

图 1-21　HTML File 选项

（2）如图 1-22 所示，在新弹出的窗口 New HTML File 中选择存放目录后（目前放于根目录 WebContent 中），在 File name 文本框中输入新建的文件名字，这里输入 login.html，然后单击 Next 按钮（也可直接单击 Finish 按钮结束）。

（3）在新弹出的窗口选择相应的 HTML 模板后即可单击 Finish 按钮。这里 HTML 模板选择 New HTML File (5)，即 HTML5 文件，单击 Finish 按钮完成创建，如图 1-23 所示。

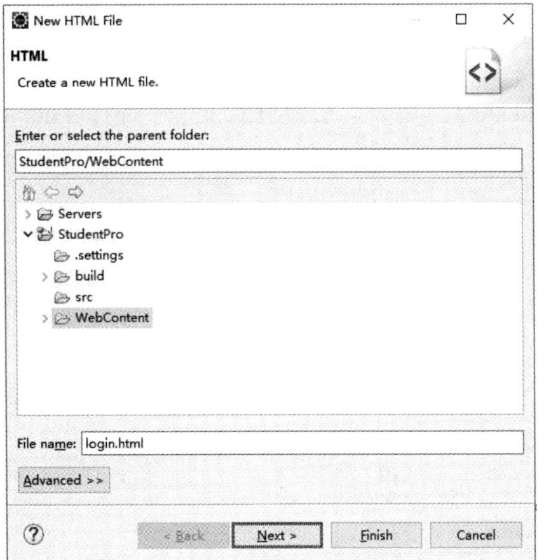

图 1-22　新建 HTML 文件窗口

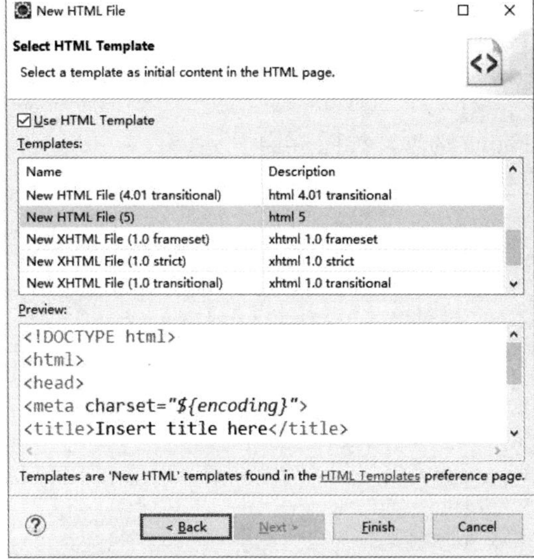

图 1-23　新建 HTML 文件模板选择窗口

（4）打开 login.html 文件，修改文件源码如下：

```
<!DOCTYPE html>
<html>
<head>
<meta charset="UTF-8">
<title>学生管理系统</title>
</head>
<body>
<form>
  用户名：<input type="text"/><br>
  密　码：<input type="text"/><br>
  <input type="submit" value="登录"/>
</form>
</body>
</html>
```

（5）保存 login.html 文件即可。

任务 1–5　部署与运行学生管理系统

部署与运行学生管理系统

任务目标

能正确部署与运行 Java Web 项目，掌握 URL 的基本概念。

任务要求

将学生管理系统 StudentPro 项目部署到对应的 Tomcat 应用服务器中，验证配置环境及用户登录页面构建的正确性。

实施过程

（1）在 Servers 选项卡中的应用服务器 Tomcat85 上右击，在弹出的菜单中选择 Add and Remove 选项，如图 1-24 所示。

图 1-24　Add and Remove 选项

（2）在新出现的 Add and Remove 窗口（图 1-25）中的 Available 栏目下，选中将要部署的项目，并通过单击 Add 按钮加入 Configured 栏目中，然后单击 Finish 按钮，即可将项目部署到应用服务器上。

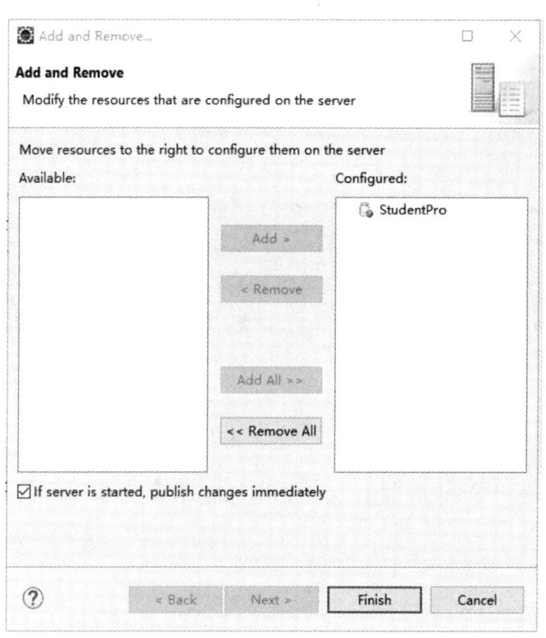

图 1-25　Add and Remove 窗口

（3）在 Tomcat85 上右击，出现如图 1-26 所示的菜单，选择 Start 选项，即可运行。

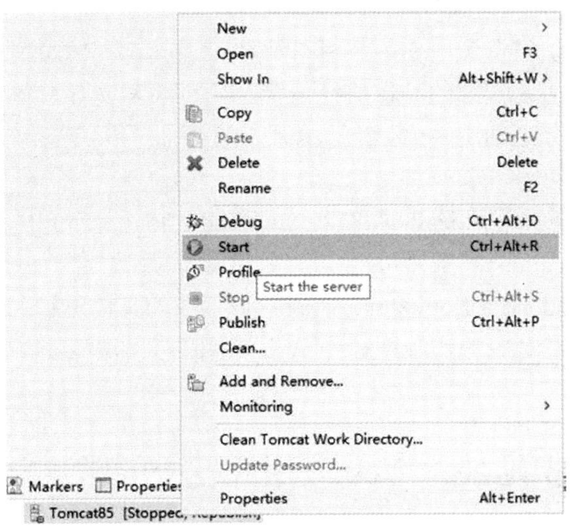

图 1-26 Start 选项

（4）在控制台 Console 选项卡中也将自动输出 Tomcat85 的启动信息，如图 1-27 所示。可以看出，此次整个应用服务启动耗时 1365ms。

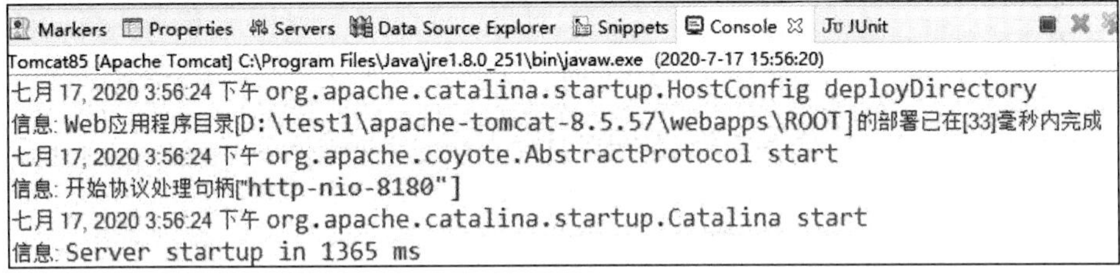

图 1-27 Tomcat 的启动信息

（5）开启 IE 或其他浏览器，输入网页地址（URL），即 http://localhost:8180/ StudentPro/login.html，按 Enter 键即可看到运行结果，如图 1-28 所示。

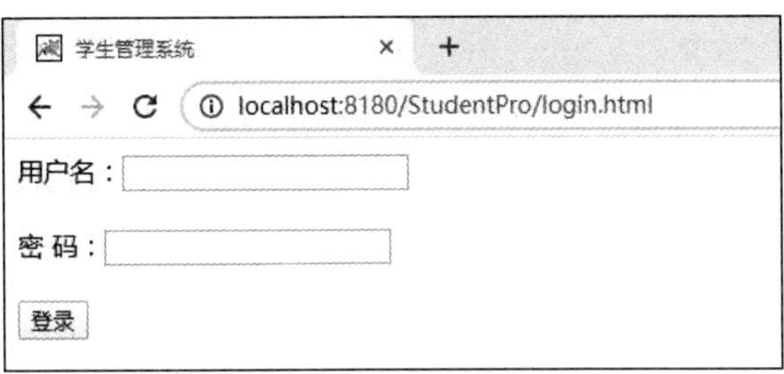

图 1-28 浏览器中运行网页结果

知识解析：URL 简述

（1）URL 概念。URL 是 Uniform Resource Location 的缩写，即“统一资源定位”。URL 用一种统一的格式来描述各种信息资源，包括文件、服务器的地址和目录等，如任务 1-5 中的

http://localhost:8180/StudentPro/login.html。URL 的格式主要包含以下三部分：

- 第一部分为服务协议（或称为服务方式）。
- 第二部分为被访问资源所在的主机 IP 地址（包括端口号）。
- 第三部分为被访问资源的具体路径位置。如目录和文件名等。

第一部分和第二部分之间用“://”符号隔开，第二部分和第三部分之间用“/”符号隔开，且各符号为英文状态的符号。

（2）解析 URL。在 http://localhost:8180/StudentPro/login.html 中，http 表示使用超文本传输协议，主机地址为 localhost，当然可用实际的 IP 地址来替换，如换为本机地址 127.0.0.1；8180 为服务端口号；StudentPro/login.html 代表网页存放的具体路径；StudentPro 为对外发布的虚拟的上下文件路径，它对应的实际路径是 Web 应用的文档根目录（本项目为 WebContent）。

知识延展：Web 应用开发中的常见问题

在 Web 应用开发过程中，不仅会在编写代码中出现一些错误，对初学者来说，往往还会疏忽某些重要步骤导致系统无法正常运行。常碰到的一些误操作如下：

（1）应用服务器 Tomcat 没有启动，或没正常启动，如端口被其他应用占用等。在 Chrome 浏览器下（不同浏览器中的呈现样式有少许差异）呈现如图 1-29 所示的结果。

图 1-29　服务器 Tomcat 没有启动时的错误信息样例

（2）Web 应用没有部署到对应的 Tomcat 应用服务器上，或部署到另一应用服务器上。在 Chrome 浏览器下呈现如图 1-30 所示的结果。

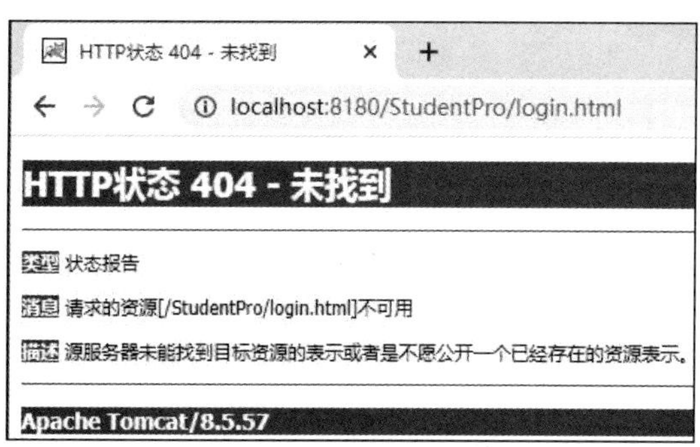

图 1-30　没正确部署时的错误信息样例

（3）运行时，URL 输入错误，如少了端口号、路径有误等。在 Chrome 浏览器下呈现如图 1-31 所示的结果。

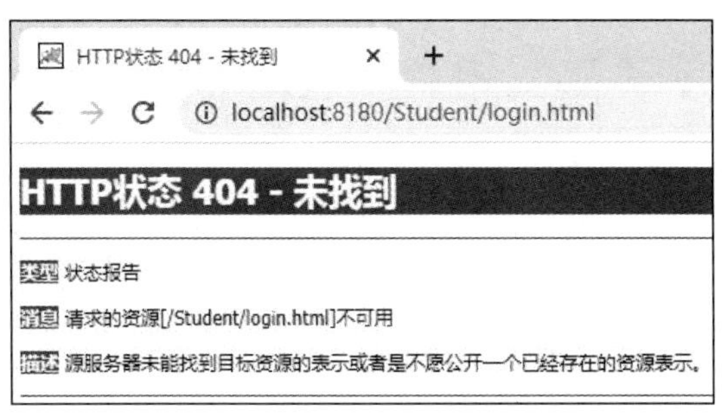

图 1-31 URL 有误时的错误信息样例

（4）页面文件放于 WEB-INF、META-INF 等无法对外访问的文件夹中。在 Chrome 浏览器下呈现如图 1-32 所示的结果。

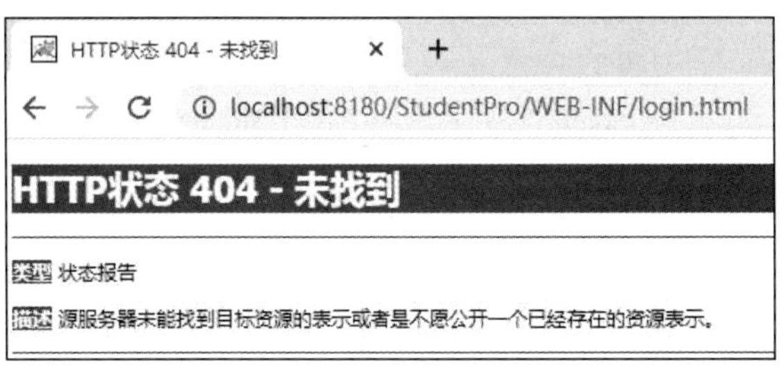

图 1-32 资源错误放置的错误信息样例

拓 展 任 务

拓展任务概述

目前，需开发一个图书商城系统，其功能主要有会员注册、图书购买、订单管理等，该 Web 应用的前后端功能要求如下。

1．前台功能要求

（1）用户管理模块功能：注册、激活、登录、修改密码、退出。

（2）图书管理模块功能：按分类查询、按图书名查询、按作者查询、按出版社查询、按 ISBN 查询、多条件组合查询。

（3）购物车模块功能：添加购物条目、修改购物条目数量、删除条目、批量删除条目、我的购物车（即按用户查询条目）、查询勾选条目。

（4）订单模块功能：生成订单、我的订单（即按用户查询订单）、查看订单详细信息、取消订单、确认收货等。

2．后台功能要求

（1）管理员管理功能：显示管理员信息。

（2）分类管理功能：显示所有分类、添加/修改/删除一级分类、添加/修改/删除二级分类。

（3）图书管理功能：添加图书、编辑图书、删除图书、多条件组合查询图书、按分类查询等。

（4）订单管理功能：按状态查询、查询订单详情、发货、取消订单。

本阶段拓展任务要求

1. 构建图书商城数据库

利用 MySQL 创建图书商城数据库 book_db，根据表 1-11～表 1-16 表结构创建图书商城系统相关表。

（1）用户表 t_user 表结构，见表 1-11。

表 1-11 用户表 t_user 表结构

序号	名称	代码	类型	约束
1	会员 ID	uid	varchar(32)	主键
2	会员名称	loginname	varchar(50)	
3	全员密码	loginpass	varchar(50)	
4	会员邮箱	email	varchar(50)	
5	是否激活	status	boolean	
6	激活时间	udate	datatime	
7	角色	rolename	varchar(50)	

（2）图书分类表 t_category 表结构，见表 1-12。

表 1-12 图书分类表 t_category 表结构

序号	名称	代码	类型	约束
1	分类 ID	cid	varchar(32)	主键
2	分类名称	cname	varchar(50)	
3	主分类 ID	pid	varchar(32)	外键
4	描述	desc	varchar(50)	
5	分类序号	orderBy	int	

（3）图书表 t_book 表结构，见表 1-13。

表 1-13 图书表 t_book 表结构

序号	名称	代码	类型	约束
1	图书 ID	bid	varchar(32)	主键
2	图书名称	bname	varchar(50)	
3	图书作者	author	varchar(50)	
4	定价	price	decimal(8,2)	
5	当前价	currPrice	decimal(8,2)	
6	折扣	discount	decimal(8,2)	

续表

序号	名称	代码	类型	约束
7	出版社	press	varchar(50)	
8	版次	edition	int	
9	页数	pageNum	int	
10	字数	wordNum	int	
11	印刷时间	printTime	datatime	
12	开本	bookSize	int	
13	纸质	paper	varchar(50)	
14	所属分类	cid	varchar(32)	
15	大图 URL	Image_W	varchar(100)	
16	小图 URL	Image_b	varchar(100)	
17	序号	orderBy	int	

（4）购物条目表 t_cartitem 表结构，见表 1-14。

表 1-14 购物条目表 t_cartitem 表结构

序号	名称	代码	类型	约束
1	条目 ID	itemid	varchar(32)	主键
2	数量	quantity	int	
3	图书 ID	bid	varchar(32)	外键
4	会员 ID	uid	varchar(32)	外键
5	序号	orderBy	int	

（5）订单表 t_order 表结构，见表 1-15。

表 1-15 订单表 t_order 表结构

序号	名称	代码	类型	约束
1	订单 ID	oid	varchar(32)	主键
2	下单时间	ordertime	datetime	
3	合计金额	total	decimal(10,2)	
4	订单状态	status	int	
5	收货地址	address	varchar(500)	
6	会员 ID	uid	varchar(32)	外键

（6）订单条目表 t_orderitem 表结构，见表 1-16。

表 1-16 订单条目表 t_orderitem 表结构

序号	名称	代码	类型	约束
1	订单条目 ID	orderitemid	varchar(32)	主键
2	数量	quantity	datetime	
3	金额小计	subtotal	decimal(10,2)	
4	图书 ID	bid	varchar(32)	
5	图书名称	bname	varchar(200)	
6	当前价	currPrice	decimal(8,2)	
7	小图路径	Image_b	varchar(100)	
8	所属订单	oid	varchar(32)	外键

2. 构建图书商城登录页面

打开 Eclipse IDE，创建一个图书商城项目 BookShopping，同时在其中建立一个登录页面 loginBS.html，并将该项目部署到服务器上。打开浏览器运行登录页面，显示效果如图 1-33 所示。

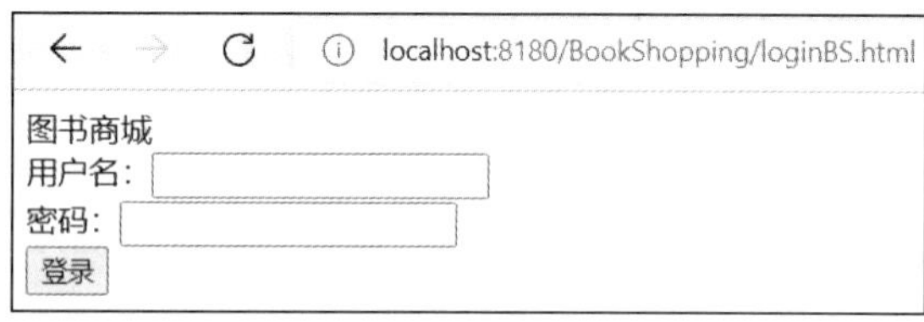

图 1-33 图书商城登录页面

课 后 习 题

（1）常用的 Web 服务器有哪些？Web 服务器在 Web 应用程序中的主要作用是什么？

（2）动态网页与静态网页的异同点是什么？

（3）目前，常用的 Web 服务器端开发技术有哪些？其发展历程是怎样的？

项目二　使用JSP指令与脚本元素构建页面

学习目标：

- 能创建JSP页面。
- 能正确使用JSP指令、JSP脚本编写简单的JSP程序。

重难点：

- 重点：JSP页面构成元素中的脚本和动作指令。
- 难点：JSP与HTML、CSS以及JS等元素的融合。

思政元素：

- 不以规矩，不能成方圆。

引导资料：JSP简介

Java服务器页面（Java Server Pages，JSP）是一种动态网页技术，它以Java语言作为脚本语言，为用户的HTTP请求提供服务，并能与服务器上的其他Java程序共同处理复杂的业务需求。从更深的层次来说，JSP其实是一种特殊的Java Servlet程序，主要用于实现Java Web应用程序前端用户界面的动态数据展示。

JSP根据页面展现的要求，结合HTML代码、XHTML代码、XML元素、JavaScript脚本等，将特定的Java代码嵌入静态的页面，在程序执行过程中动态生成其中的部分内容。JSP文件在运行时会被其编译器转换成Servlet代码，然后再由Java编译器来编译成能快速执行的二进制码。

任务2-1　创建JSP页面：系统模块信息列表页

创建系统模块信息列表页

任务目标

能在Java Web应用项目中正确创建JSP页面，掌握JSP页面的基本结构以及相关页面元素使用规则。

任务要求

在学生管理系统 StudentPro 项目中创建一个 JSP 页面，该页面的功能是从数据库获取系统模块信息（此处暂时用数组来实现，后续再使用数据库实现），并将系统模块信息以列表的形式呈现在该 JSP 页面上。大致样式如图 2-1 所示。

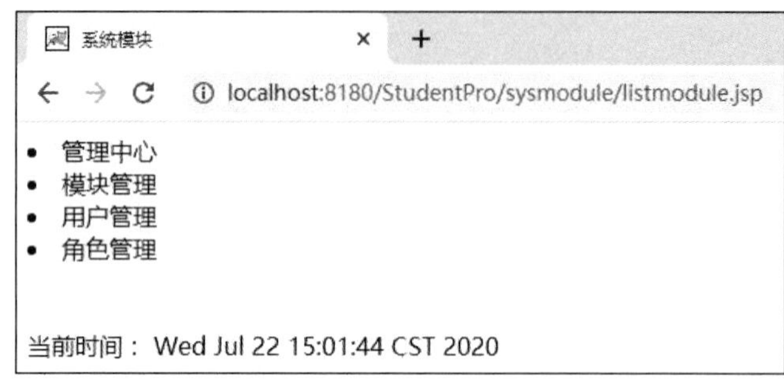

图 2-1　JSP 页面

实施过程

（1）在前面建立的项目 StudentPro 中的 WebContent 上右击，选择 New→Folder 选项，如图 2-2 所示。

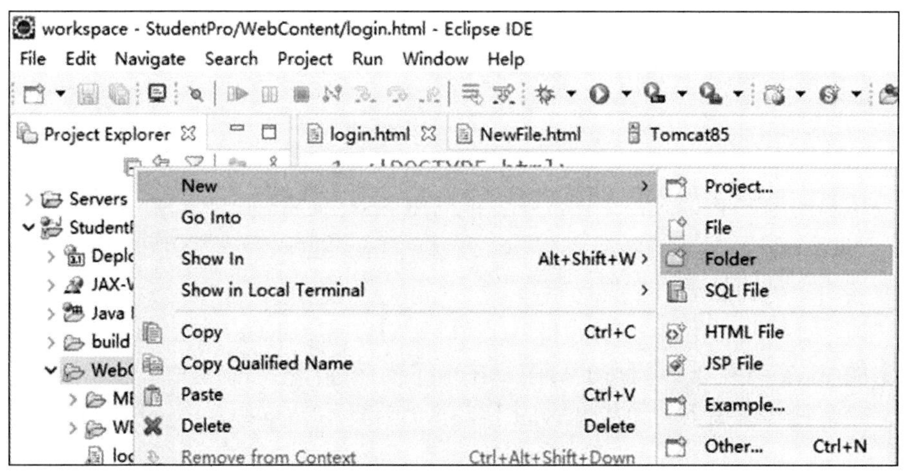

图 2-2　Folder 选项

（2）在弹出的 New Folder 窗口（图 2-3）中的 Folder Name 文本框中输入文件夹名称 sysmodule，然后单击 Finish 按钮，即可创建一个文件夹。sysmodule 文件夹用于存放与模块信息相关的前端页面内容。为方便程序的管理与运维，在此建议将不同功能的内容放置在不同文件夹中。

（3）在 sysmodule 文件夹上右击，选择 New→JSP File 选项，如图 2-4 所示。

（4）在弹出的 New JSP File 窗口中的 File name 文本框中输入文件名称 listmodule.jsp，如图 2-5 所示。然后单击 Next 按钮，若后续不选择 JSP 模板也可直接单击 Finish 按钮。

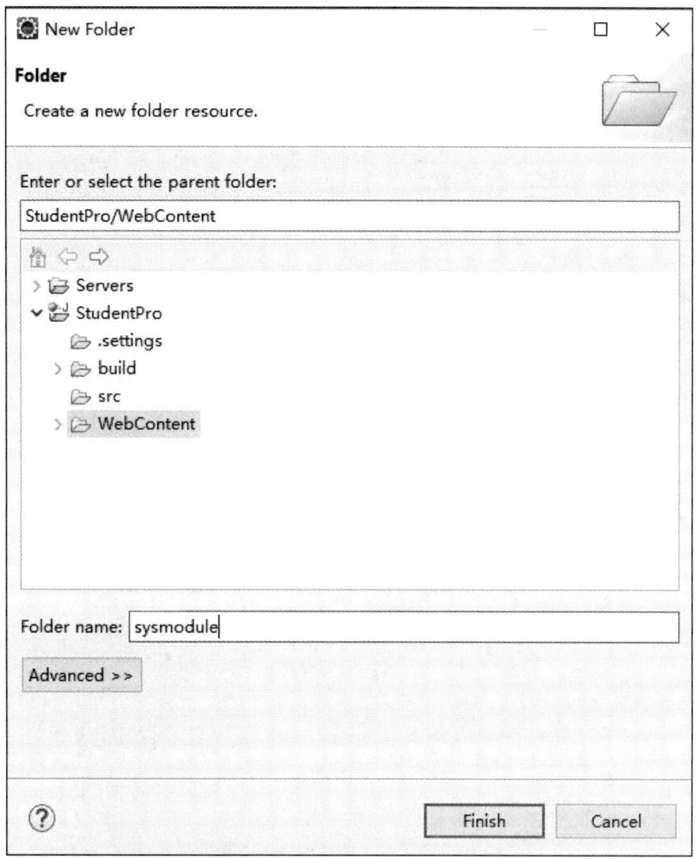

图 2-3　New Folder 窗口

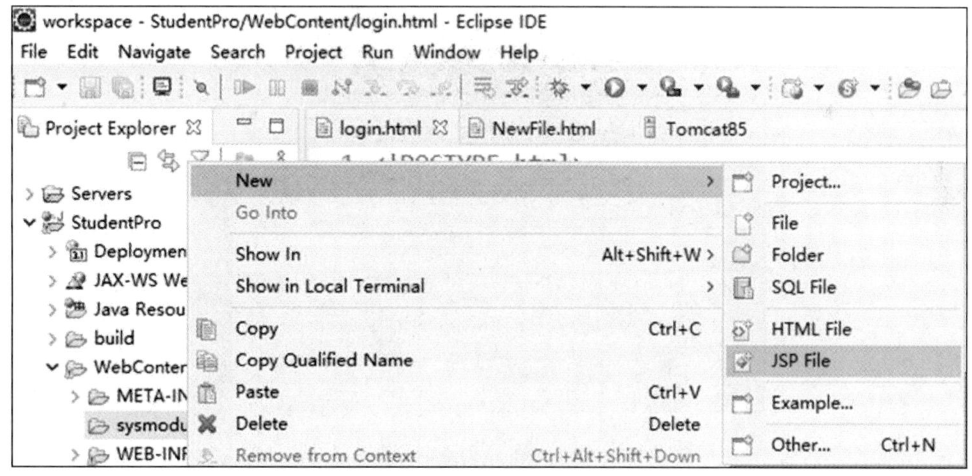

图 2-4　JSP File 选项

（5）在弹出的窗口中选择 JSP 模板，本页面选择 New JSP File(html5)，如图 2-6 所示。然后单击 Finish 按钮，即创建一个基于 JSP 的页面。

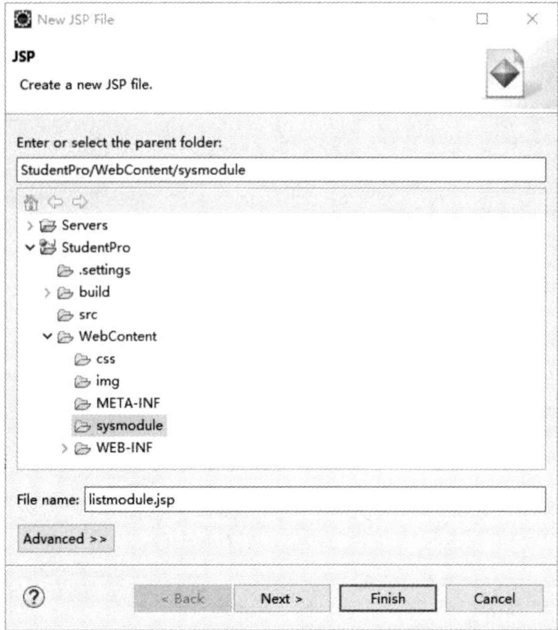

图 2-5 New JSP File 窗口

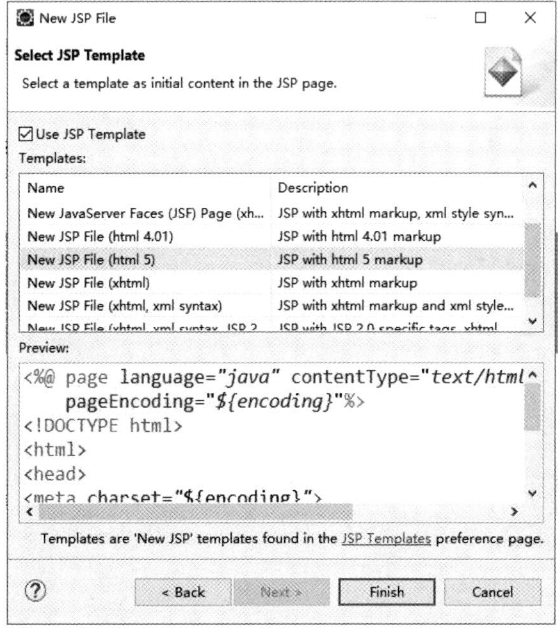

图 2-6 选择 JSP 模板窗口

（6）打开新创建的 JSP 页面 listmodule.jsp，可以看到其程序主体如下：

```
<%@ page language="java" contentType="text/html; charset=UTF-8"
    pageEncoding="UTF-8"%>
<!DOCTYPE html>
<html>
<head>
```

```
<meta charset="UTF-8">
<title>Insert title here</title>
</head>
<body>
</body>
</html>
```

可以看出，该代码与前面建立的 HTML 页面代码相似，只是在最前面多了一行<%@ page ... %>代码，该行代码即为后续要介绍的 JSP 编译指令的内容。

在该页面中，最为明显的是 UTF-8 在多个位置出现。UTF-8 是一种常用的编码格式，为使创建的 JSP 页面默认编码为 UTF-8，在 Eclipse 的菜单栏中选择 Windows→Preferences 选项。然后在弹出的 Preferences 窗口左侧选择 Web→JSP Files 选项，将右侧对应的 Encoding 修改为 UTF-8 编码格式即可，如图 2-7 所示。

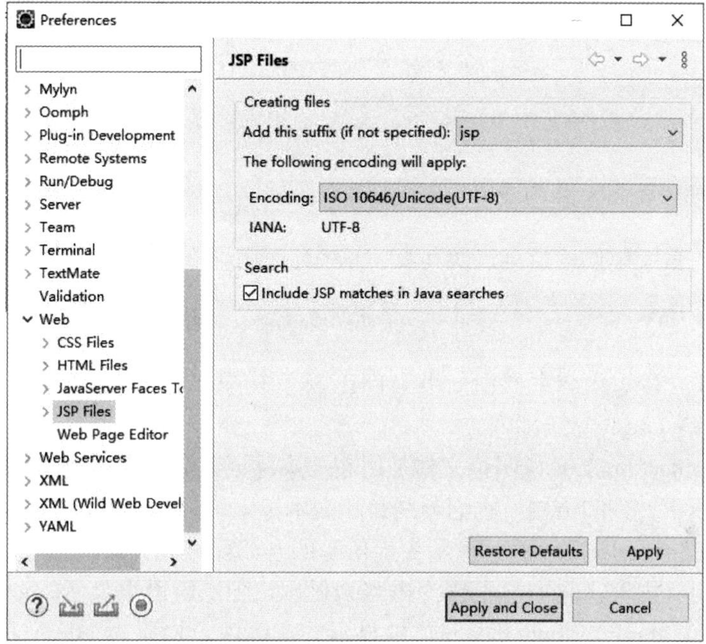

图 2-7　Preferences 窗口

（7）修改 listmodule.jsp 页面主体代码如下后，部署并运行，结果如图 2-1 所示。

```
<%@ page language="java" contentType="text/html; charset=UTF-8"
    pageEncoding="UTF-8"%>
<%@ page import="java.util.*" %>
<!DOCTYPE html>
<html>
<head>
<meta charset="UTF-8">
<title>系统模块</title>
</head>
<body>
```

```
<%--输出模块 --%>
<%
  for(int i=0;i<str.length;i++){
%>
    <li><%=str[i] %></li>
<%
  }
%>
<!-- 声明，初始化模块 -->
<%!
  String[] str=new String[]{"管理中心","模块管理","用户管理","角色管理"};
%>
<br>
<br>
当前时间：<%
out.println(new Date());
%>
</body>
</html>
```

知识解析：JSP 页面元素构成

从前面创建的系统模块信息列表页可知，JSP 页面由许多元素构成。这些元素主要包括静态内容、JSP 编译指令、脚本程序、JSP 注释等。

1. 静态内容

在 JSP 页面中，静态内容主要由一组 HTML 标签构成。一般包括标记（html）、头部标签（head）、主体标签（body）三部分。

（1）标记<html></html>：说明该文件是用超文本标记语言来描述的，<html>表示该文件的开头，</html>表示该文件的结尾，它们分别是超文本标记语言文件的开始标记和结尾标记。

（2）头部标签<head></head>：表示头部信息的开始和结尾。头部中包含的标记是页面的标题、序言、说明等内容，它本身不作为内容来显示，但影响网页显示的效果。

（3）主体标签<body></body>：网页中显示的实际内容均包含在这个主体标签内，又称为实体标记。

2. JSP 编译指令

JSP 编译指令的作用是设置 JSP 程序属性，以及由该 JSP 程序编译生成的 Servlet 程序属性。JSP 编译指令能在 JSP 页面运行时控制 JSP 页面中的某些特性，告知 JSP 引擎如何处理 JSP 页面中的内容，但它不直接生成输出内容。常用的 JSP 编译指令有三种：page 指令、include 指令和 taglib 指令。

（1）page 指令。page 指令用来设置与整个 JSP 页面相关的属性，可指定 JSP 脚本语言、导入类库、error 页面、缓存需求、页面编码字符集等。一般情况下，一个 JSP 页面可以包含一个或多个 page 指令。其语法格式如下：

```
<%@page language="java" contentType="text/html;charset=UTF-8" ... %>
```

该指令共有十个属性，其含义见表 2-1。

表 2-1 page 指令常用属性

属性	描述
language	定义 JSP 页面所用的脚本语言，默认是 Java
import	导入要使用的 Java 类
contentType	指定当前 JSP 页面的 MIME 类型和字符编码
errorPage	指定当 JSP 页面发生异常时需要转向的错误处理页面
isErrorPage	指定当前页面是否可以作为另一个 JSP 页面的错误处理页面
buffer	指定 out 对象使用缓冲区的大小
autoFlush	控制 out 对象的缓存区
session	指定 JSP 页面是否使用 session
isELIgnored	指定是否执行 EL 表达式
pageEncoding	指定 JSP 页面字符的编码

说明：import 属性是唯一一个可以重复赋值的属性。另外， pageEncoding 属性说明 JSP 页面内容的编码，contentType 属性设置 JSP 源文件和响应正文的字符集编码及 MIME 类型，contentType 属性的 charset 是指服务器发送给客户端时的内容编码。

（2）include 指令。include 指令的作用是在该标签的位置处静态插入一个其他的文件，如 JSP 文件、HTML 文件或文本文件等。所谓静态插入，即指所包含的文件与原 JSP 文件合并成新的 JSP 页面后，才会被同时编译执行。include 指令的语法格式如下：

```
<%@ include file="文件相对 url 地址" %>
```

include 指令中的文件名实际上是一个相对的 URL 地址。

如果没有给文件关联一个路径，则 JSP 编译器会默认在当前路径下寻找。

（3）taglib 指令。taglib 指令用于引入一个自定义标签集合的定义，包括库路径、自定义标签，以便在页面中使用基本标记或自定义标记来完成指定功能。

taglib 指令的语法格式如下：

```
<%@ taglib uri="uri" prefix="prefixOfTag" %>
```

uri 属性用于确定标签库的位置，prefix 属性用于指定标签库的前缀。

3. 脚本程序

脚本程序可以包含任意的 Java 语句、变量、方法或表达式。

（1）JSP 小脚本。在 JSP 页面中，包含在<% Java 代码片段 %>中任意的 Java 代码片段称为 JSP 小脚本。

任何文本、HTML 标签、JSP 指令等必须写在 JSP 小脚本程序的外面。

下面给出一个示例，同时也是本书的第一个 JSP 示例：

```
<%@ page language="java" contentType="text/html; charset=UTF-8"
pageEncoding="UTF-8"%>
<!DOCTYPE html>
<html>
<head><title>Hello JSP</title></head>
<body>
Hello World!<br>
```

```
<%
//这是一个 JSP 小脚本，将在页面显示字符串"My name is Huang！"
out.print("My name is Huang！");
%>
</body>
</html>
```

（2）JSP 声明。JSP 声明的语法格式如下：

```
<%! 变量的初始化、方法定义或类的声明部分 %>
```

可以声明一个或多个变量、方法，供后面的 Java 代码使用。变量的数据类型可以是 Java 语言允许的任何数据类型，这些变量在其 JSP 页面内有效，即在其 JSP 页面中，任何 Java 程序片段中都可使用该变量，与声明所在的前后位置无关。例如，<%! int count=0; %>，其作用就是声明一个全局性的变量 count，并初始化为 0。

（3）JSP 表达式。JSP 页面中的表达式元素即为任何符合 Java 语言规范的表达式，但是不能使用分号来结束表达式。JSP 表达式的语法格式如下：

```
<%= Java 表达式 %>
```

例如，<%=count++ %>。

JSP 程序中包含的 Java 表达式，其结果会先被转化成字符串，然后插入表达式所在位置。

4. JSP 注释

JSP 注释主要有两个作用：为代码作注释和将某段代码注释掉。其语法格式如下：

```
<%-- 注释 --%>
```

该注释内容不会被发送至浏览器，即客户端不可见。但注释可以动态更新，即其内容中可以带有变量。

在 JSP 页面中，除 JSP 注释外，还可以使用 HTML 注释，其语法格式如下：

```
<!-- 注释 -->
```

HTML 注释的内容在客户端是可见的，即通过浏览器查看网页源代码时可以看见注释内容。

任务 2-2　系统主页面实现

系统主页面实现

任务目标

能在 Java Web 应用项目中正确导入和引用相关资源，并能利用 CSS 优化页面结构。

任务要求

在学生管理系统 StudentPro 项目中创建一个 main.jsp 页面，该页面为系统主界面，用于完成系统主体结构展示。大致样式如图 2-8 所示。

实施过程

（1）在系统根目录 WebContent 下新建三个文件夹，名字分别为 css、img、js。这三个文件夹分别用于存放 CSS 样式文本、图片、Java Script（JS）文件。

（2）在 css 文件夹上右击，选择 New→File 选项，如图 2-9 所示。

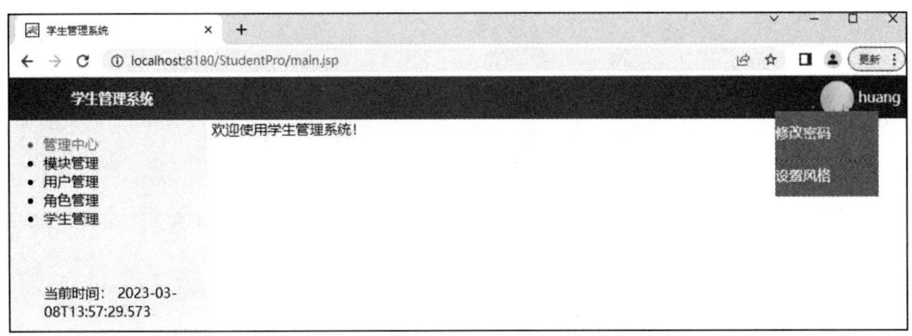

图 2-8　系统主界面运行结果

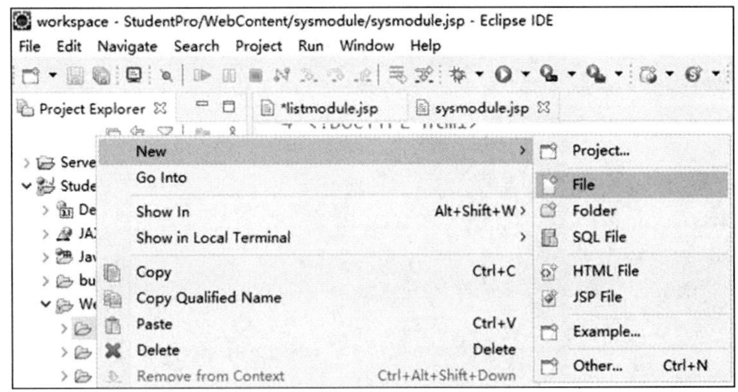

图 2-9　New→File 选项

（3）在 File name 文本框中输入 style.css，如图 2-10 所示。单击 Finish 按钮即创建了一个 css 文件。然后打开 style.css，写入以下样式程序（注：可选择其他更方便的软件工具编写 css 文件）。

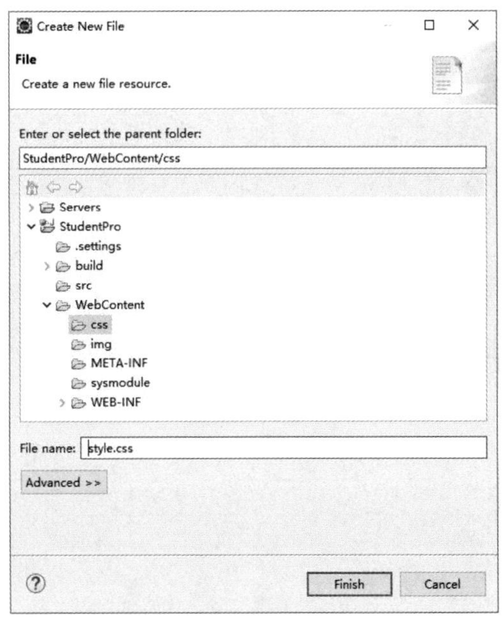

图 2-10　Create New File 窗口

```
body{
    margin:0;
}
.left{
    float:left;
}
.right{
    float:right;
}
.clear{
    clear:both;
}
.m-header .header{
    margin: 0 auto;
    width:100%;
    min-width:1080px;
    height: 48px;
    background-color:#2a6496;
    line-height: 48px;
    color: white;
}
.m-header .header .logo{
    font-size:16px;
    font-weight: 600;
    width: 200px;
    text-align: center;
    padding:0 20px;
}
.m-header .header .user{
    width:150px;
    height: 48px;
    position: relative;
}
.m-header .header .user-list{
    width:120px;
    background-color: #8080c0;
    position: absolute;
    top:40px;
    right:40px;
    display:none;
    z-index: 10;
}
.m-header .header .user-list a{
    display: block;
}
.m-header .header .user a img{
```

```
    height: 40px;
    width: 40px;
    border-radius: 60%;
    padding: 0 5px;
    vertical-align: middle;
}
.m-header .header:hover .user-list{
    display: block;

}
.m-content .left_content{
    position: absolute;
    top:48px;
    left:0;
    bottom: 0;
    width:230px;
    background-color: #f3f5fc;
}
.m-content .left_content .pg_Menu {
    float: left;
    width: 200px;
}
.m-content .right_content{
    position:absolute;
    right:0;
    top:48px;
    bottom: 0px;
    left:235px;
    background-color: #ffffff;
    overflow: auto;
}
.m-content .right_content .right_text{
    min-width: 780px;
    width:100%;
    background-color: #f8fafe;
    z-index: 9;
}
```

（4）新建一个名为 main.jsp 的页面。在<header></header>标记中引入本页面要使用的CSS、JS 文件资源，代码如下：

```
<link href="css/style.css" rel="stylesheet">
<script src="js/jquery-1.8.0.min.js"></script>
```

（5）修改 main.jsp 页面，在<body></body>标记间编写如下内容：

```
<div class='m-header'>
    <jsp:include page="header.html"></jsp:include>
</div>
<div class='m-content'>
```

```
    <div class="left_content">
        <ul class="pg_Menu">
            <%@ include file="sysmodule/listmodule.jsp" %>
        </ul>
    </div>
    <div class='right_content'>
        <div class='right_text' id="content">
        </div>
    </div>
</div>
```

（6）新建一个名为 header.html 的文件，在<body></body>标记间编写如下内容：

```
<div class='header'>
    <div class='logo left'>学生管理系统</div>
    <div class='user right'>
        <a><img src='img/head.jpg' />huang</a>
    </div>
    <div class='user-list'>
        <a>修改密码</a><a>设置风格</a>
    </div>
</div>
```

（7）运行 main.jsp，将鼠标指针移至页面右上角，结果如图 2-8 所示。

知识解析：JSP 动作指令

JSP 动作指令是一组动态执行的指令，与编译指令不同，动作指令是程序运行时的动作。JSP 中有 7 个动作指令，见表 2-2。

表 2-2　JSP 动作指令

语法	描述
jsp:forward	从一个 JSP 页面转向另一个 JSP 页面，并传递包含当前用户请求的 request 对象
jsp:include	用于在当前 JSP 页面中包含本 Web 应用中的静态或动态资源
jsp:useBean	在指定的范围内获取并初始化一个 JavaBean 组件
jsp:setProperty	设置 JavaBean 组件的属性值
jsp:getProperty	取得 JavaBean 组件的属性值
jsp:param	设置传递的参数
jsp:plugin	用来在 JSP 中嵌入 Java 插件，如 JavaBean 或 Applet 等

任务 2–3　完善系统模块信息列表页

完善系统模块信息列表页

任务目标

能正确使用 page 指令导入 Java 类库，以及使用 JSP 脚本元素编写程序。

任务要求

修改系统模块信息列表页，在该页面中增加一个日期时间样式控制程序，使该页面中的日期格式变为“年-月-日”。

实施过程

（1）打开 listmodule.jsp 页面，利用 page 指令导入以下时间操作类库。

```
<%@ page import="java.time.LocalDateTime,java.time.format.DateTimeFormatter" %>
```

（2）修改<body></body>标记间的编码内容，并在 WebContent 下新建名为 centor.jsp 的文件，在 sysmodule 文件夹中新建名为 man_module.jsp 的文件。其他模块文件均可按上述方法建立。

```
<body>
<%-- 输出模块 --%>
<%
  for(int i=0;i<str.length;i++){
        String c="";
        if(i==0)c="current";
        String moduleurl=getSubStr(str[i][1]);
//.substring(str[i][1].lastIndexOf("/")==-1?0:(str[i][1].lastIndexOf("/")+1));
%>
   <li class="<%=c %>" data-id="<%=moduleurl.replaceFirst(".jsp", "") %>"><%=str[i][0] %></li>
<%
  }
%>
<!-- 声明 -->
<%!
  //变量，初始化模块，每个模块对应一个 URL
  String[][] str=new String[][]{{"管理中心","centor.jsp"},{"模块管理","sysmodule/man_module.jsp"},{"用户管理","sysuser/man_user.jsp"},{"角色管理","sysrole/man_role.jsp"}};
  //方法，返回固定子串
  String getSubStr(String strurl){
      return   strurl.substring(strurl.lastIndexOf("/")==-1?0:(strurl.lastIndexOf("/")+1));
  }
%><br>
<br>
当前时间：
<%
out.println(LocalDateTime.now().format(DateTimeFormatter.ofPattern("yyyy-MM-dd"))); //带时间格式为 yyyy-MM-dd HH:mm:ss%>
</body>
```

（3）修改完成后，运行结果如图 2-11 所示。

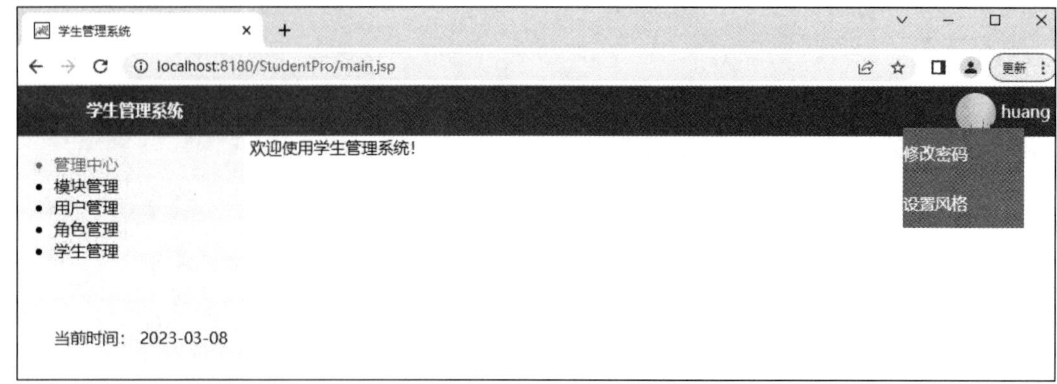

图 2-11　完善系统模块后运行结果图例

知识延展：JavaScript 在 JSP 脚本程序中的使用

将 Java 变量传值给 JavaScript 变量较简单，可通过 JSP 表达式来处理，如：

```
var a="<%=javaParam%>"
```

此 JS 语句即可将 Java 变量赋值给 JavaScript 变量，这为 JavaScript 脚本操作后端数据提供了方便。但得注意的是，赋值时务必加上引号（""）。

将 JavaScript 变量传值给 Java 的过程稍微复杂一些，一般在表单中用一个表单元素来完成。如可在 form1 表单设置一个隐藏的文本框(若该值不用显示出来即可隐藏)，若该文本框的 name 属性值为 jsParam，则可按以下 JavaScript 代码将 JS 变量值赋给它。

```
var jsParamValue='aaaa';
form1.jsParam.value=jsParamValue;    //JS 变量值赋给它文本框
```

此时，在提交表单数据给 JSP 页面后就可以通过如下语句来取得对应的变量值。

```
request.getPrameter("jsPrama")
```

一定要注意，此时不能用 JavaScript 变量直接给 Java 变量赋值，因 JSP 是服务器端脚本，JS 是客户端脚本，而 JSP 程序是先在服务端执行后才将结果返回给客户端，返回客户端后才运行相关 JavaScript 脚本的。

接下来，可按以下代码修改 main.jsp 页面，即在</body>标记后编写如下 JS 代码。该部分代码主要用于动态生成左侧菜单栏。

```
<script type="text/javascript" >
        $(function() {
            $(".pg_Menu").on("click", "li", function() {
                var dataId = $(this).data("id");    //获取 data-id 的值
                window.location.hash = dataId;  //设置锚点
                loadContentText(dataId);
            });

            function loadContentText(dataId) {
                var dataId = window.location.hash;
                var urlStr, i;
```

```
                switch(dataId) {
                    <%
                        for(int j=0;j<str.length;j++){
                            String moduleurl=getSubStr(str[j][1]);
                    %>
                    case "#<%=moduleurl.replaceFirst(".jsp", "") %>":
                        i = <%=j%>;
                        urlStr = "<%=str[j][1] %>";
                        break;
                    <%
                        }
                    %>

                    default:
                        i = 0;
                        urlStr = "<%=str[0][1] %>";
                        break;
                }
                $("#content").load(urlStr);   //加载相对应的内容
                $(".pg_Menu li").eq(i).addClass("current").siblings().removeClass("current");   //当前列表高亮
            }
            var dataId = window.location.hash;
            loadContentText(dataId);
        });
    </script>
```

再次部署并运行 main.jsp 页面，选择模块菜单中的“模块管理”选项，将出现模块管理的界面，如图 2-12 所示。至此，系统主界面将能完成各操作模块间的切换。

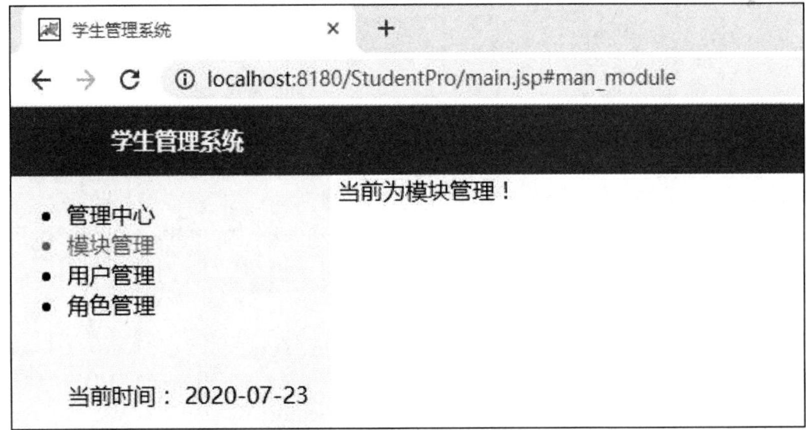

图 2-12　main.jsp 页面运行结果

拓 展 任 务

本阶段拓展任务要求

在项目 BookShopping 中，增加一个后台管理页面 backMglist.jsp，并完成相关功能设计和实现，具体效果如图 2-13 所示。

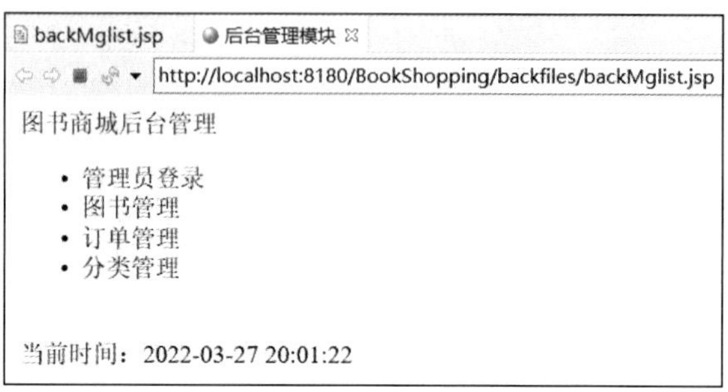

图 2-13　backMglist.jsp 页面效果

拓展任务实施参考步骤

（1）在项目 BookShopping 的 WebContent 中新建一个文件夹 backfiles，如图 2-14 所示。

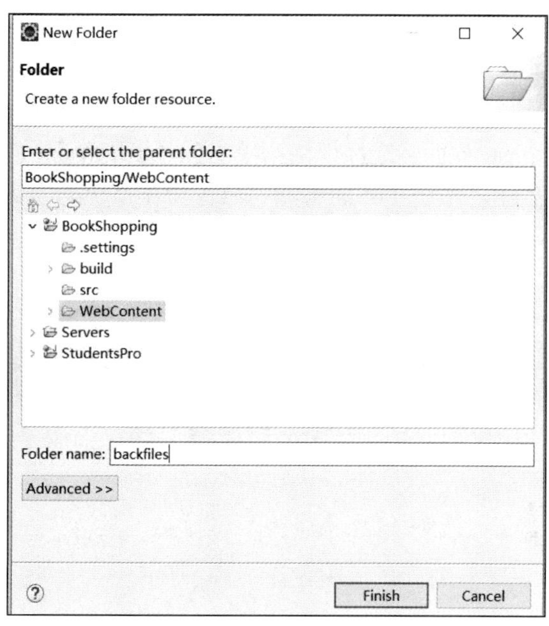

图 2-14　新建文件夹 backfiles

（2）设置 JSP 文件字符集为 UTF-8，打开 Window 菜单，选择 Preferences 属性，按图 2-15 进行设置后保存。

（3）在 backfiles 文件夹中新建 backMglist.jsp 文件，如图 2-16 和图 2-17 所示。

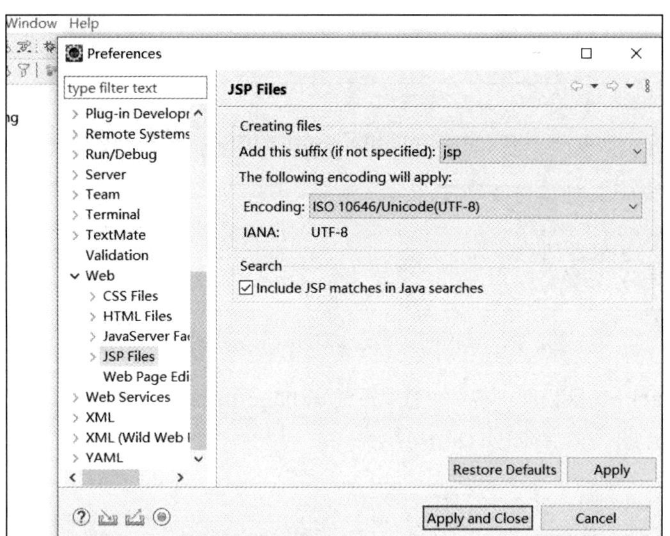

图 2-15　Preferences 属性窗口

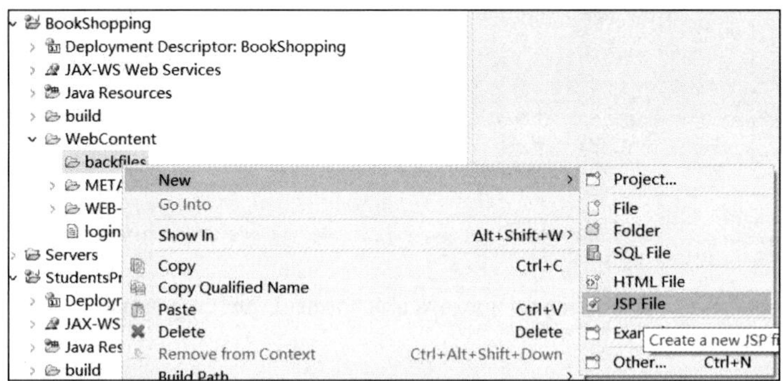

图 2-16　JSP File 选项

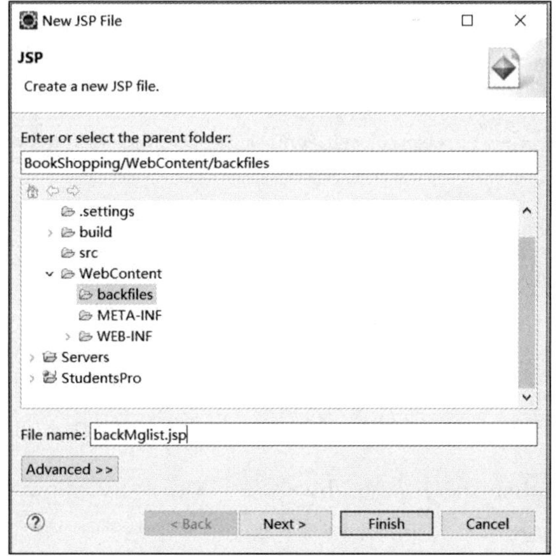

图 2-17　新建 backMglist.jsp 文件

（4）更新文件 backMglist.jsp 的内容，使之能显示如图 2-18 所示的信息。

图 2-18　编辑后的 backMglist.jsp 页面运行结果

（5）在文件 backMglist.jsp 中添加代码<%@ page import="java.util.*" %>，使其能在页面下方显示当前系统日期，效果如图 2-19 所示。

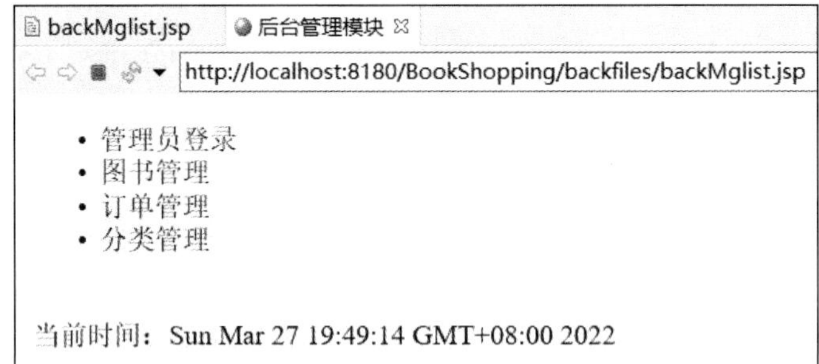

图 2-19　增加显示时间的 backMglist.jsp 页面运行结果

修改时间格式，可以添加如下代码段：

```
<%@ page import="java.time.LocalDateTime,java.time.format.DateTimeFormatter" %>
```

以及如下代码段：

```
<%
out.print(LocalDateTime.now().format(DateTimeFormatter.ofPattern("yyyy-MM-dd HH:mm:ss")));
%>
```

此时的运行效果如图 2-20 所示。

图 2-20　修改时间格式后的 backMglist.jsp 页面运行结果

（6）在文件 backMglist.jsp 中添加<div>标签，如：<div align="left">图书商城后台管理</div>。效果如图 2-21 所示。

图 2-21　编辑后的 backMglist.jsp 页面运行结果

（7）在步骤（6）的基础上，请查阅相关资料尝试在其中加入相关 CSS 样式美化页面。

课 后 习 题

（1）一个 JSP 页面的基本组成部分有哪些？

（2）在 JSP 声明<%!...%>中声明的变量与在 JSP 小脚本<%...%>中声明的变量有何差异？

（3）在 JSP 页面中，有哪些页面跳转方式？

（4）制作一个 JSP 页面，使该页面静态包含另一个 header.html 页面，页面内容自定。

（5）利用 JSP 脚本编写一个计算 1×2×3×…×100 的程序，并在 JSP 页面中显示计算结果。

项目三　使用内置对象处理请求响应数据

学习目标：

- 能创建 HTML 表单。
- 能正确使用内置对象 request 获取请求数据。
- 能处理不同请求方式下数据乱码问题。
- 能正确使用内置对象 response、out 完成响应数据。
- 能正确编写请求转发与请求重定向程序。

重难点：

- 重点：内置对象 out、request 常用方法的功能和应用。
- 难点：页面重定向和中文乱码的分类处理。

思政元素：

- 厚德载物、自强不息。

HTML 表单

引导资料：HTML 表单

在项目一中已经创建了系统登录页面 login.html 文件，这个页面大家很熟悉，每一个管理系统基本都会有该页面。登录页一般要求用户输入用户名、密码等信息，提交后系统会判断该用户名、密码是否存在，然后才断定是否允许该用户进入系统。那么，系统中如何提交用户名、密码等数据呢？在动态网页开发过程中，HTML 表单是与用户交互信息的重要途径。

要创建 HTML 表单，一般分以下两步：

（1）建立表单。在 HTML 中，表单的结构一般如下：

```
<form name="表单名" method="提交方法" action="提交目的地">
本组表单相关控件
</form>
```

其中，<form></form>为首要标记，所有的表单控件务必写在该标记内。属性 method 的值表示表单数据发送的方法，一般有两种，即 get 和 post，get 为默认方法，即不写 method 属性时的值。属性 action 的值表示数据要提交的目的地，即接收数据页。

（2）在表单内创建表单控件。根据业务需求，在表单内可创建许多表单控件，如文本、单选按钮、下拉框、复选框、文本区域、文件域等。用户通过表单控件可输入文字信息，或者选择信息，最后提交。

现在，以学生系统登录页面 login.html 为样例，说明表单的基本用法。

修改文件源码如下：

```
<!DOCTYPE html>
<html>
<head>
<meta charset="UTF-8">
<title>学生管理系统</title>
</head>
<body>
<form name="form1" method="post" action="main.jsp">
  用户名：<input type="text" name="username"/></br></br>
  密　码：<input type="password" name="pwd"/></br></br>
  <input type="submit" value="登录"/>
</form>
</body>
```

运行该页面，结果如图 3-1 所示。然后单击“登录”按钮即可完成数据提交工作，此时，名字为 form1 的表单数据将以 post 方法提交给 main.jsp 页面进行处理，结果如图 3-2 所示。用 post 方法提交数据时，在地址栏中看不到表单提交数据。

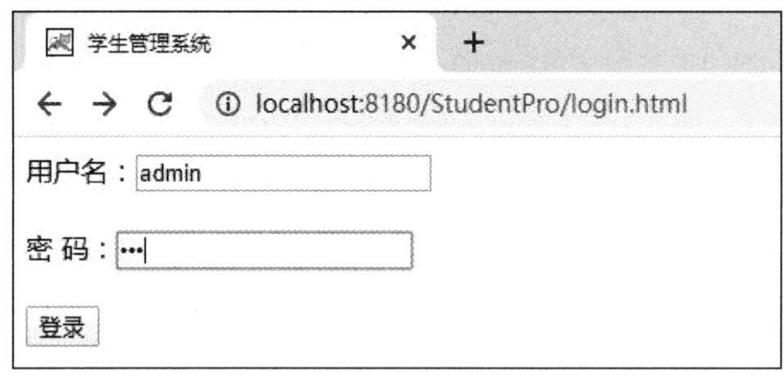

图 3-1　login.html 页面运行结果

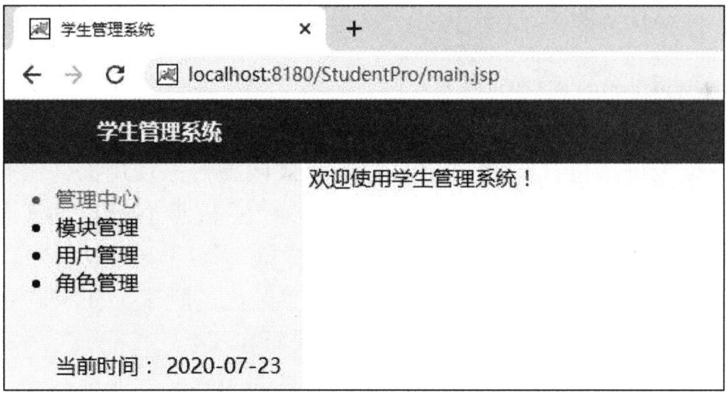

图 3-2　post 方法提交请求到 main.jsp 页面的运行结果

若把该发送方法改为 get，那么重新运行页面并提交数据时，在地址栏中将能看到相关数据。如图 3-3 所示，地址栏中多了一串数据，即“?username=admin&pwd=123”。

那么请思考，在 JSP 页面中该如何获取提交的表单数据呢？

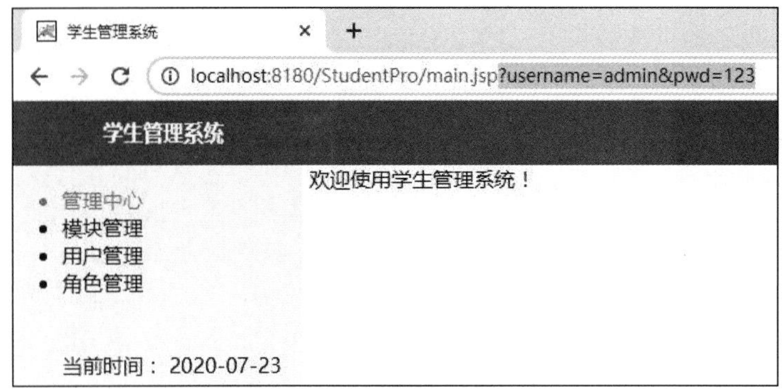

图 3-3　get 方法提交请求到 main.jsp 页面的运行结果

任务 3-1　登录页面中表单数据的处理

登录页面中表单数据的处理

任务目标

能利用 JSP 内置对象正确处理 JSP 页面中表单的数据。

任务要求

在学生管理系统 StudentPro 项目中，当由登录页面 login.html 提交表单数据后，接收页面 main.jsp 将获取刚提交的数据，并能根据要求转向不同的结果页面。在此设定获取数据并判断系统登录成功即执行 main.jsp 文件，若登录失败则返回 login.html 页面。

知识准备：JSP 内置对象

在本任务中，将会看到如下一些代码片断：

```
String uname=request.getParameter("username");
String upwd=request.getParameter("pwd");
```

在这些代码中，均使用了一个名为 request 的内置对象。按照 Java 面向对象的思想，对象的使用需要先用 new 关键字进行实例化，然而 request 内置对象使用前并没有进行实例化，这是为什么？其主要原因在于 JSP 程序处理过程中，会经由 Web 容器自动加载一组类的实例，这些实例对象即为 JSP 内置对象，也称为预定义的变量，又叫作隐含对象。在 JSP 页面程序编写过程中，这些内置对象不再用 new 关键字进行实例化。所以，在 JSP 中，这些内置对象也是 JSP 的保留字，在 JSP 程序编写过程中不能再进行定义。

同样，以下代码片断中，out 与 response 也是内置对象。

```
…
out.println("登录成功");
…
response.sendRedirect("login.html");
```

在 JSP 中，常用的内置对象有 out、request、response、session、application、page、pageContext、config、exception 共九个。这些内置对象不需要预先声明就可以在 JSP 脚本代码、JSP 表达式中随意使用。本项目将重点关注 out、request 与 response 内置对象。

1. 内置对象 out

内置对象 out（简称 out 对象）是 javax.servlet.jsp.JspWriter 类的一个实例，用于向客户端输出数据，是 JSP 开发过程中使用频率较高的对象。内置对象 out 的使用方便简单，常用方法就是与 print()结合用于在页面中打印数据。如：

```
out.print("登录成功");
```

2. 内置对象 request

内置对象 request（简称 request 对象）是 javax.servlet.http.HttpServletRequest 类的一个实例，当客户端通过 HTTP 协议访问服务器时，HTTP 请求头中的所有信息都封装在这个对象中，其包含了表单数据、Cookies、HTTP 请求方法等。通过这个对象提供的方法，可以获得客户端请求数据包中的所有信息。每次客户端请求一个页面时，Web 容器都会创建一个新的对象来表示这个请求。

在 JSP 程序中，通过使用 request 对象的相关方法来获取有关数据。常用的 request 对象的方法如下：

（1）setCharacterEncoding(String charset)：指定请求时的字符编码方式。

（2）getParameter(String name)：返回指定 name 的提交数据。

（3）getParameterValues(String name)：用于获取指定 name 的多值数据，一般用于复选框数据的获取。

（4）setAttribute(String name,Object)：设置名字为 name 的 request 的参数值。

（5）getAttribute(String name)：返回由 name 指定的属性值。

（6）getRemoteAddr()：返回发出请求的客户端 IP 地址。

（7）getRequestDispatcher(String path)：返回一个 RequestDispatcher 对象，通过该对象的 forward()方法进行请求转发。

（8）getContextPath()：返回目录路径。

3. 内置对象 response

内置对象 response（简称 response 对象）是 javax.servlet.http.HttpServletResponse 类的实例。response 对象包含了响应客户端请求的相关信息，用于响应客户端请求并向客户端输出信息。当服务器创建 request 对象时会同时创建用于响应这个客户端的 response 对象。常用的 response 内置对象的方法有：

（1）setContentType(String type)：告诉浏览器数据类型。

（2）setCharacterEnconding(String charset)：设置响应数据的编码格式。

（3）sendRedirect(String location)：将请求重新定向到一个不同的 URL。

（4）getOutputStream()：获取通向浏览器的字节流。

（5）setIntHeader("Refresh", int second)：定时刷新响应内容。

实施过程

（1）在项目中新建一个名为 checklogin.jsp 的页面，在 checklogin.jsp 页面程序的<body>标签中，增加如下脚本程序：

```
<%
  //通过 request 内置对象获取表单控件的数据
```

```
    String uname=request.getParameter("username");
    String upwd=request.getParameter("pwd");
    //设定当前用户名及密码分别为 huang、123
    if("huang".equals(uname)&&"123".equals(upwd)){
        request.getRequestDispatcher("main.jsp").forward(request, response);
    }else{
        response.sendRedirect("login.html");
    }
%>
```

（2）把 login.html 页面中 action 的属性值修改为 checklogin.jsp 后，再执行 login.html 页面。输入正确的用户名与密码后，即能进入 main.jsp；否则转回 login.html 页面。成功登录后的结果如图 3-4 所示。

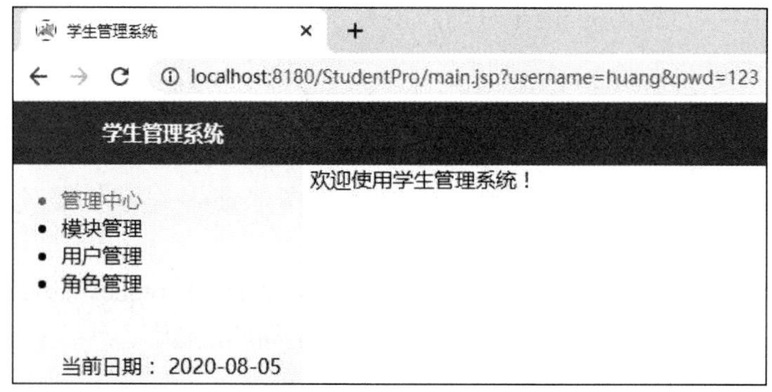

图 3-4　成功登录后 main.jsp 页面的运行结果

知识解析：请求转发和请求重定向

1. request 对象实现请求转发

请求转发：指一个 Web 资源收到客户端请求后，通知服务器去调用另外一个 Web 资源进行处理。

通过 request 对象提供的 getRequestDispatche(String path)方法，能返回一个 RequestDispatcher 对象，调用这个对象的 forward()方法可以实现请求转发。

例如：将请求转发到 main.jsp 页面的代码如下：

```
request.getRequestDispatcher("/main.jsp").forward(request, response);
```

开发人员可通过 request 对象实现转发，在服务器端将请求传给其他处理页面，并能通过 request 对象把数据带给其他 Web 资源处理。客户端并没有发出第二次请求。

2. response 对象实现请求重定向

请求重定向：指一个 Web 资源收到客户端请求后，通知浏览器去访问另外一个 Web 资源进行处理。

在 JSP 中，可通过 response 对象的 sendRedirect(String location)方法，将请求重新定向到一个不同的 URL。例如：请求重定向的 login.htm 页面的代码如下：

```
response.sendRedirect("login.html");
```

response 对象实现的请求重定向实质是客户端再次向服务器发出请求，即二次请求。

3. 请求转发和请求重定向的区别

请求转发和请求重定向的区别可归纳为以下三点：

（1）request.getRequestDispatcher()是容器中控制权的转向，可通过 foward()方法进行请求转发，在客户端浏览器地址栏中不会显示出转向后的地址。因请求转发过程是在服务器内部进行数据转发的，整个过程处于同一个客户端请求当中，所以在请求转发后依然可以用 request 的相关方法（如 request setAttribute()和 request getAttribute()）进行数据的存取。response.sendRedirect()则是完成前一请求后进行跳转，浏览器将会得到跳转后的地址，并重新发送请求链接，从浏览器的地址栏中可以看到跳转后的链接地址，此过程常称为请求重定向。在请求重定向过程中客户端会向服务器端发送两个请求，所以请求重定向后不能获取原始请求中的 request 数据。

（2）RequestDispatcher 是通过调用 HttpServletRequest 对象的 getRequestDispatcher()方法得到的，其中 foward()方法属于请求对象的方法。sendRedirect()是 HttpServletResponse 对象的方法，即响应对象的方法，既然调用了响应对象的方法，那就表明整个请求过程已经结束了，服务器开始向客户端返回执行的结果。

（3）请求重定向可以跨域访问，而请求转发则是在 Web 服务器内部进行的，效率较高，但不能跨域访问。

知识解析：页面编码设定与中文乱码问题

1. 响应数据出现乱码

在 JSP 页面建立后，Eclipse 基本上会在 page 编译指令后自动增加 pageEncoding、contentType 等属性内容，如以下代码段所示。

```
<%@ page language="java" contentType="text/html; charset=UTF-8"    pageEncoding="UTF-8"%>
```

（1）pageEncoding：用于说明 JSP 页面内容的编码。

（2）contentType：设置 JSP 源文件和响应正文的字符集编码及 MIME 类型，contentType 中的 charset 是指服务器发送给客户端时的内容编码。

如果服务器发给浏览器的数据默认按照 ISO8859-1 编码，则浏览器接收到数据后按照默认的字符集进行解码后显示；如果浏览器的默认解码字符集不是 ISO8859-1，则会出现乱码。通常 response 设置响应编码有以下两种方式，且两种方式都需要在 response.getWriter()调用之前执行才能生效。

- response.setContentType("text/html; charset=UTF-8")：这种方式不仅发送到浏览器的内容会使用 UTF-8 编码，而且还会通知浏览器使用 UTF-8 编码方式进行显示，所以总能正常显示中文。
- response.setCharacterEncoding("UTF-8")：这种方式可设置响应内容编码格式为 UTF-8，但无法控制浏览器采用哪种编码方式。所以当浏览器的显示编码方式不是 UTF-8 时就会看到乱码，需要进行手动设置。所以为了方便使用，会指定当前浏览器的显示编码方式，代码如下：

```
response.setHeader("Content-type","text/html; charset=UTF-8");
```

2. 请求数据出现乱码

若页面内容编码与 Tomcat 应用服务器解释 JSP 程序时的编码不一致，则会出现中文乱码问题。通常从浏览器发起的请求中数据呈现方式有三种：在地址栏直接输入 URL 访问、点击页面中的超链接访问、提交表单访问。第一种访问方式中浏览器默认将参数按照 UTF-8 进行编码；后面两种访问方式中浏览器将参数按照当前页面的显示编码进行编码。只需要在服务器端设置相应的解码格式即可。由于访问方式不同，浏览器对参数的编码格式也不同，为了方便处理，通过超链接和表单的访问也应规定为 UTF-8 格式，即显示当前页面的编码也要使用 UTF-8，这样浏览器将统一使用 UTF-8 对参数进行编码。

在此，以增加模块页面为案例进行解析。

首先，在 StudentPro 项目的 sysmodule 文件夹中新建一个名为 add_module.jsp 的页面，该页面用于增加模块信息。并在<body></body>标记间增加如下表单内容：

```
<form name="form1" method="get" action="man_module.jsp">
  模块名称：<input type="text" name="modulename"/></br></br>
  <input type="submit" value="确定"/>
</form>
```

接着，修改 man_module.jsp 文件内容，在<body></body>标记间增加如下代码：

```
<%=request.getParameter("modulename") %>
```

运行 add_module.jsp，提交数据后将出现如图 3-5 所示的结果。

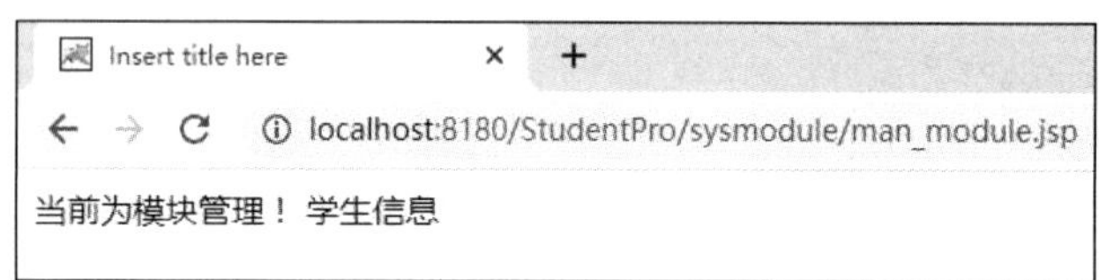

图 3-5 add_module.jsp 以 get 方法提交数据后的结果

但是，若将 add_module.jsp 的页面提交方法改为 post，重新执行该页面，提交数据后将出现如图 3-6 所示的乱码。

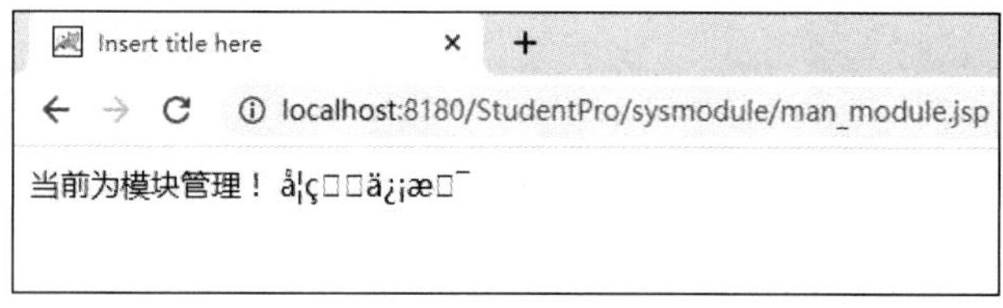

图 3-6 add_module.jsp 以 post 方法提交数据后的结果

在刚才的 request 代码上面新增如下程序段：

```
<%
request.setCharacterEncoding("UTF-8");
%>
<%=request.getParameter("modulename") %>
```

再次运行 add_module.jsp，则能正常显示，如图 3-7 所示。

图 3-7　设置编码后的运行结果

在 Tomcat8 及以上版本中，解码时不再使用 ISO8859-1，而是使用 UTF-8，所以用 get 方法提交数据时基本上不存在中文乱码问题。但用 post 方法提交数据时还是要自己指定解码方式，即只需要在服务器端设置 request 对象的编码即可，如“request.setCharacterEncoding("UTF-8");”。客户端以哪种编码提交的，服务器端的 request 对象就以对应的编码接收。比如客户端是以 UTF-8 编码提交的，那么服务器端 request 对象就以 UTF-8 编码接收。

但在 Tomcat 8 以下版本中，request 对象还是以默认的 ISO8859-1 编码接收数据的，设置 request 对象的编码是无效的，即用 get 方法提交的数据还需要重新转码，否则会出现乱码。解决此乱码问题的步骤如下：

（1）获取客户端提交上来的数据，代码如下：

```
String data = request.getParameter("paramName");
```

此时，得到的是乱码字符串，即 data="???è?????"。

（2）通过查找 ISO8859-1 码表，得到客户机提交的原始数据的字节数组，并通过指定的编码将字节数组重新构建字符串以解决乱码问题，代码如下：

```
data = new String(data.getBytes("ISO8859-1"),"UTF-8");
```

任务 3–2　页面自动刷新

页面自动刷新

任务目标

能利用 JSP 内置对象 response 构建自动刷新页面。

任务要求

使用 response 对象的 setIntHeader()方法，为左侧导航栏实现时间动态变化功能。

实施过程

（1）打开 listmodule.jsp 页面，在当前日期处理的程序段后增加如下程序：

```
<br>
当前时间：
<%
response.setIntHeader("Refresh",1);      //设置每隔 1 秒刷新一次
out.println(LocalDateTime.now().format(DateTimeFormatter.ofPattern("HH:mm:ss")));
%>
```

（2）运行 main.jsp 程序，结果如图 3-8 所示。可以看到左侧导航栏每间隔 1 秒即自动刷新一下页面，当前时间自动变化。

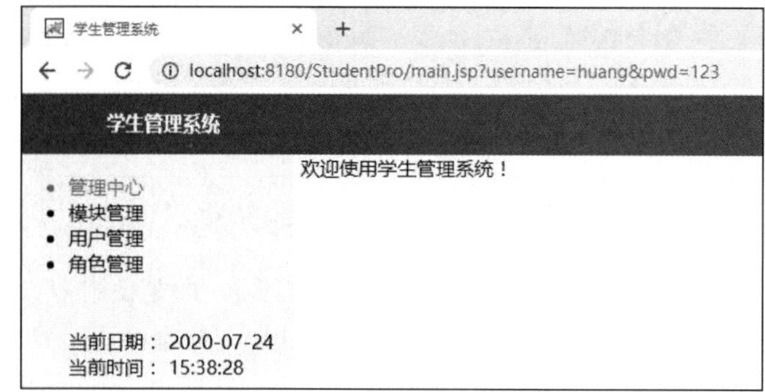

图 3-8　自动刷新示例结果

任务 3–3　集成 JavaScript 实现表单信息验证

集成 JavaScript 实现表单信息验证

任务目标

能正确使用 JavaScript（JS）实现 JSP 页面表单信息的验证。

任务要求

在实际应用中，有些用户在页面输入的数据往往不符合规则，若直接提交到服务器端进行判断则会影响系统性能。所以，常会在客户端即浏览器端通过 JavaScript 进行信息验证处理。本任务要求在 add_module.jsp 的页面中，对用户输入的内容是否为空进行判断。若为空，则不提交请求，并在客户端直接提示不能为空。

实施过程

（1）修改 add_module.jsp 的页面代码，增加 JavaScript 的 checkModuleName()方法用于表单信息验证。

```
<%@ page language="java" contentType="text/html; charset=UTF-8"
    pageEncoding="UTF-8"%>
<!DOCTYPE html>
<html>
<head>
<meta charset="UTF-8">
<title>增加模块</title>
</head>
<script type="text/javascript">
function checkModuleName(){
    if(form1.modulename.value==null||form1.modulename.value==""){
        alert("模块信息不能为空，请输入！");
        return false;
    }else
        return true;
}
```

```
</script>
<body>
<form name="form1" method="get" action="man_module.jsp">
  模块名称：<input type="text" name="modulename"/></br></br>
  <input type="submit" value="确定" onclick="return checkModuleName()"/>
</form>
</body>
</html>
```

（2）运行结果如图 3-9 所示。当不输入模块名称就提交时会弹出提示。在前端页面设计中，经常会用到 JavaScript 脚本。

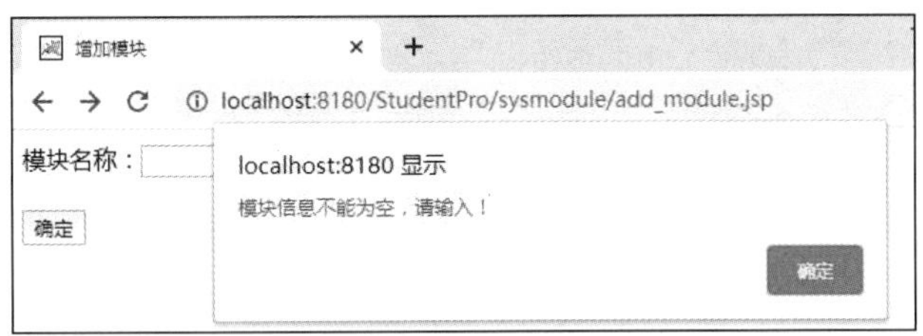

图 3-9　集成 JS 运行结果

HTTP 协议数据分析

知识延展：HTTP 协议数据分析

Eclipse 提供了一个数据监控工具 TCP/IP Monitor 来进行数据监控，通过该数据监控工具，可了解提交请求的过程。

（1）在 Eclipse 菜单栏中选择 Window→Preferences 选项，如图 3-10 所示。

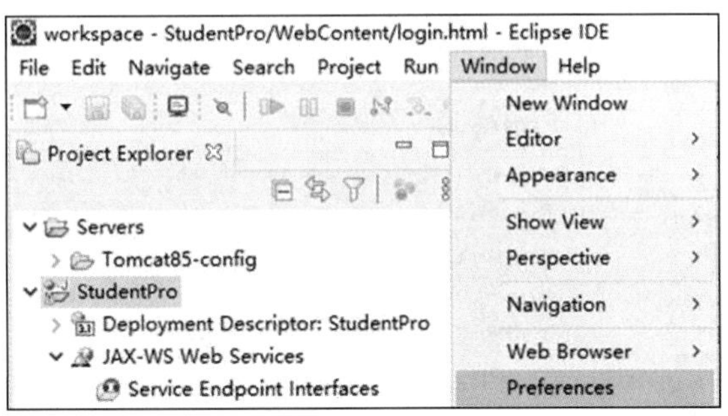

图 3-10　Preferences 选项

（2）在弹出的 Preferences 窗口的左侧，找到 Run/Debug 条目，展开该条目，选择 TCP/IP Monitor，在右侧会出现 TCP/IP Monitor 的配置内容。勾选 Show the TCP/IP Monitor view when there is activity 复选项，如图 3-11 所示。

在 TCP/IP Monitor 配置栏上单击 Add 按钮，出现如图 3-12 所示的对话框。在 New Monitor 对话框中配置本机监控端口（Local monitoring port）为 8188，欲监控的主机名称（Host name）为 localhost，欲监控的端口号（Port）为 8180。

配置好的 TCP/IP Monitor 如图 3-13 所示，单击 Start 按钮即可启动监控。

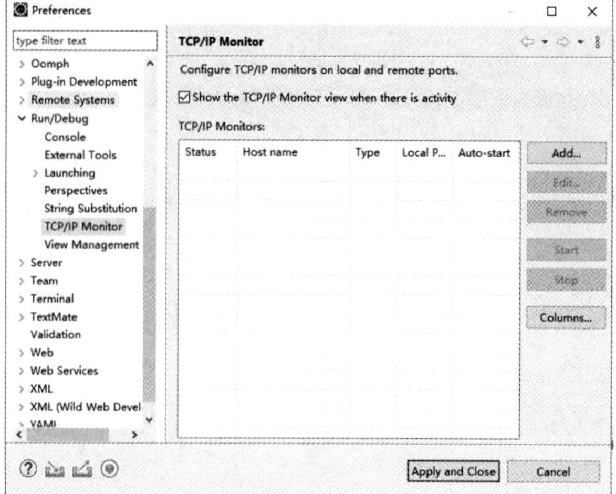

图 3-11 Preferences 窗口中的 TCP/IP Monitor 配置

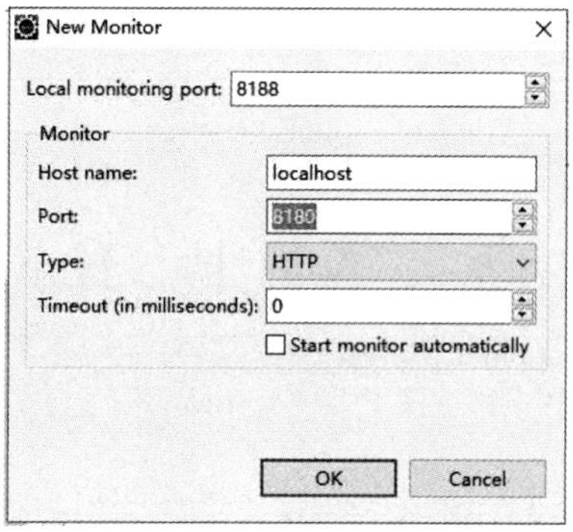

New Monitor
Local monitoring port: 8188
Monitor
Host name: localhost
Port: 8180
Type: HTTP
Timeout (in milliseconds): 0
Start monitor automatically
OK
Cancel

图 3-12 New Monitor 对话框

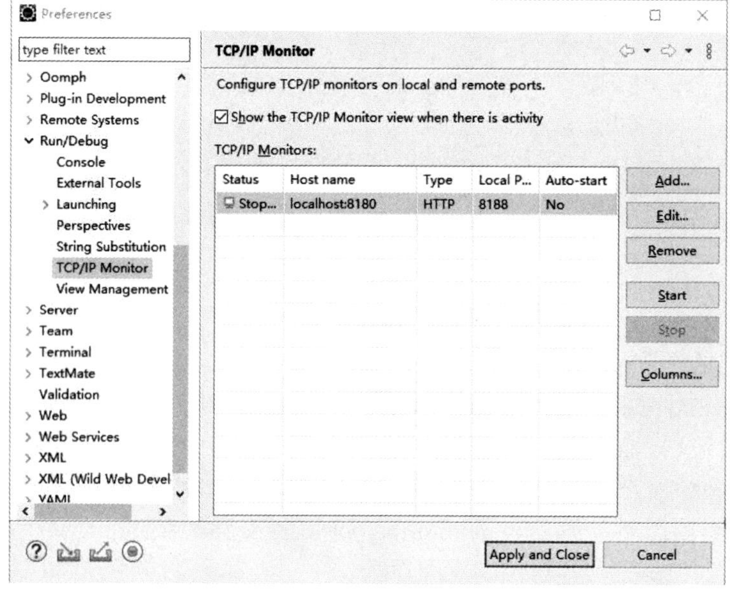

图 3-13 配置好的 TCP/IP Monitor

然后运行程序，把地址栏中的端口号改为监控端口号 8188。查看监控结果。

1．get 请求与响应

启动 Tomcat，开启 TCP/IP Monitor，修改 add_module.jsp 的提交方法为 get，并在浏览器中打开网址http://localhost:8188/StudentPro/sysmodule/ add_module.jsp ，输入相关信息后提交。在 TCP/IP Monitor 监控工具中出现如图 3-14 所示的界面。

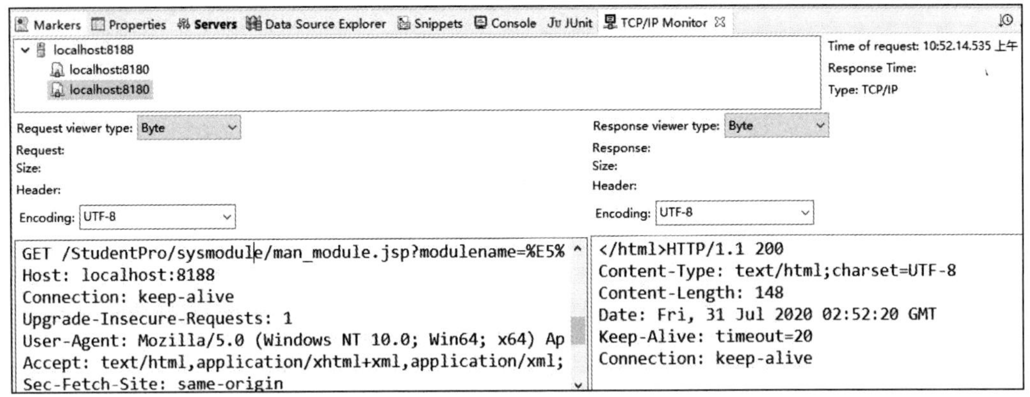

图 3-14　get 请求中 TCP/IP Monitor 监控中的信息

由图 3-14 中显示结果可知，提交 get 请求时浏览器除了提交数据外，还把 HTTP 协议相关信息提交给了服务器。客户端发送的请求信息为文本流，主要内容如下：

```
GET /StudentPro/sysmodule/man_module.jsp?modulename=%E5%AD%A6%E7AF HTTP/1.1
Host: localhost:8188
Connection: keep-alive
Upgrade-Insecure-Requests: 1
User-Agent: Mozilla/5.0 (Windows NT 10.0; Win64; x64) AppleWebKit/537.36 (KHTML, like Gecko) Chrome/81.0.4044.138 Safari/537.36
Accept:text/html,application/xhtml+xml,application/xml;q=0.9,image/webp,image/apng,*/*;q=0.8,application/signed-exchange;v=b3;q=0.9
Sec-Fetch-Site: same-origin
Sec-Fetch-Mode: navigate
Sec-Fetch-User: ?1
Sec-Fetch-Dest: document
Referer: http://localhost:8188/StudentPro/sysmodule/add_module.jsp
Accept-Encoding: gzip, deflate, br
Accept-Language: zh-CN,zh;q=0.9
Cookie: JSESSIONID=5316675E4291DF3C65074C4AE4562681
```

第一行为请求行，用 get 方法提交，当前使用的是 HTTP1.1 版本，同时已经将数据附加在地址后面。此种方式对数据量有长度的限制，即不能大于 255 个字符。

User-Agent 指示客户端使用的浏览器。

Accept 说明有关客户端可以接受的 MIME 类型。

Cookie 表示当前页面提交时携带的 session 数据。

由图 3-14 可知，服务器不仅返回了页面源文件，同时也返回了 HTTP 协议相关信息。具体如下：

```
HTTP/1.1 200
Content-Type: text/html;charset=UTF-8
Content-Length: 148
Date: Fri, 31 Jul 2020 02:52:20 GMT
Keep-Alive: timeout=20
Connection: keep-alive
```

返回的响应信息说明服务器已成功处理请求，状态码为 200；同时指定了文档的 MIME 类型、文件大小以及响应时间等。

2. post 请求与响应

启动 Tomcat，开启 TCP/IP Monitor，修改 add_module.jsp 的提交方法为 post，并在浏览器中打开网址 http://localhost:8188/StudentPro/sysmodule/ add_module.jsp，输入相关信息后提交。在 TCP/IP Monitor 监控工具中出现如图 3-15 所示的界面。

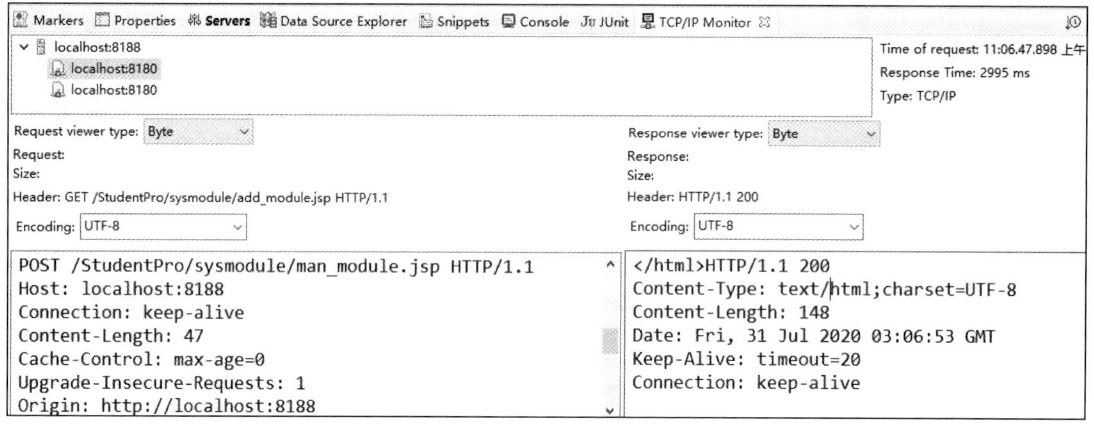

图 3-15 post 请求下 TCP/IP Monitor 监控中的信息

由图 3-15 中显示结果可知，用 post 请求提交时在浏览器中看不到提交的数据信息，信息流的主要内容如下：

```
POST /StudentPro/sysmodule/man_module.jsp HTTP/1.1
Host: localhost:8188
Connection: keep-alive
Content-Length: 47
Cache-Control: max-age=0
Upgrade-Insecure-Requests: 1
Origin: http://localhost:8188
Content-Type: application/x-www-form-urlencoded
User-Agent: Mozilla/5.0 (Windows NT 10.0; Win64; x64) AppleWebKit/537.36 (KHTML, like Gecko) Chrome/81.0.4044.138 Safari/537.36
Accept:text/html,application/xhtml+xml,application/xml;q=0.9,image/webp,image/apng,*/*;q=0.8,application/signed-exchange;v=b3;q=0.9
Sec-Fetch-Site: same-origin
Sec-Fetch-Mode: navigate
Sec-Fetch-User: ?1
Sec-Fetch-Dest: document
```

```
Referer: http://localhost:8188/StudentPro/sysmodule/add_module.jsp
Accept-Encoding: gzip, deflate, br
Accept-Language: zh-CN,zh;q=0.9
Cookie: JSESSIONID=5316675E4291DF3C65074C4AE4562681

modulename=%E5%AD%A6%E7%94%9F%E4%BF%A1%E6%81%AF
```

第一行为请求行，用 post 方法提交，当前使用的是 HTTP1.1 版本。与 get 方法不同的是，此时提交的数据不在第一行信息中，而是附加在信息流的最后面。

从返回的响应信息可知，服务器不仅返回了页面源文件，同时也返回了 HTTP 协议相关信息，与 get 方法类似。具体如下：

```
HTTP/1.1 200
Content-Type: text/html;charset=UTF-8
Content-Length: 148
Date: Fri, 31 Jul 2020 03:06:53 GMT
Keep-Alive: timeout=20
Connection: keep-alive
```

知识延展：JSP HTTP 状态码

当客户访问一个网页时，客户的浏览器会向网页所在服务器发出请求。当服务器端处理完相应业务后，会返回一个包含 HTTP 状态码（HTTP Status Code）的信息头（Server Header）用以响应浏览器的请求。

1. HTTP 状态码分类

HTTP 状态码由 3 个十进制数字组成，第一个十进制数字定义了状态码的类型，后两个数字无分类的作用。HTTP 状态码共分为 5 种类型，见表 3-1。

表 3-1　HTTP 状态码

分类	分类描述
1××	信息，服务器收到请求，需要请求者继续执行操作
2××	成功，操作被成功接收并处理
3××	请求重定向，需要进一步的操作以完成请求
4××	客户端错误，请求包含语法错误或无法完成请求
5××	服务器错误，服务器在处理请求的过程中发生了错误

2. 常见状态码

下面是常见的 HTTP 状态码：

（1）200：请求成功。

（2）301：资源（网页等）被永久转移到其他 URL。

（3）403 Forbidden：服务器拒绝该次访问（访问权限出现问题）。

（4）404：请求的资源（网页等）不存在。

（5）500：内部服务器错误。

（6）503 Server Unavailable：表示服务器暂时处于超负载或正在进行停机维护，无法处理请求。

拓 展 任 务

本阶段拓展任务要求

在项目 BookShopping 中实现用户身份验证，即输入用户名（admin）、密码（123456）后跳转到图书商城后台管理页面 backMglist.jsp，否则跳转到用户登录页面 loginBS.html。同时，在 backMglist.jsp 页面实现时间动态变化功能。

拓展任务实施参考步骤

（1）修订用户登录页面 loginBS.html 文件，添加表单属性，如下：

```
<form name="form" action="/BookShopping/backfiles/checkLoginM.jsp" method="post">
```

（2）在文件夹 backfiles 中新建 checkLoginM.jsp 文件，该页面完成功能如下：当输入用户名（admin）、密码（123456）时跳转到图书商城后台管理页面 backMglist.jsp，否则跳转到用户登录页面 loginBS.html。关键代码如下：

```
<%
String user=(String)request.getParameter("userName");    //获取用户名
String psw=(String)request.getParameter("userPwd");      //获取密码
if(user!=null &&psw!=null){
    if(user.equals("admin")&&psw.equals("123456")){
        response.sendRedirect("backMglist.jsp");         //跳转到图书商城后台管理页面
    }else{
        response.sendRedirect("/BookShopping/loginBS.html");  //跳转到用户登录页面
    }
}
%>
```

（3）修订图书商城后台管理页面 backMglist.jsp 文件，在日期时间显示语句上方添加“response.setIntHeader("Refresh",1);”，设置每隔 1 秒刷新一次，实现时间动态刷新。

（4）试着在 backMglist.jsp 文件的<body>下方添加“欢迎<%=request.getParameter("user")%>登录！
”内容，再次运行，结果如图 3-16 所示。

图 3-16　backMglist.jsp 页面运行样式

（5）再修订 checkLoginM.jsp 文件，将“response.sendRedirect("backMglist.jsp");”改为“request.getRequestDispatcher("backMglist.jsp").forward(request,response);”，观察能否瞬间显示“欢迎 admin 登录!”。

课后习题

（1）HTML 中常用的表单有哪些？表单信息如何提交？

（2）JSP 页面中，如何得到 HTML 表单中的元素信息？

（3）在 JSP 程序中，如何实现请求转发与请求重定向，这两者的异同点是什么？

（4）简述 JSP 内置对象 request、response 的功能，这两个内置对象是如何工作的？

（5）编写一个 JSP 页面，要求能间隔 1 秒即自动刷新一下页面，并能正确显示当前的具体时间。

（6）HTML 表单中提交信息的方式有哪几种？它们间有何区别？

（7）请根据图 3-17 的样式编写一个会员信息录入界面，并编写一个 JSP 页面用于获取显示提交的数据。相关要求如下：

1）会员号、会员姓名不能为空。

2）入会日期要求自动选择时间填充。

3）当提交时能对邮箱地址、手机号进行信息格式验证。

4）所属省份为下拉选择框。

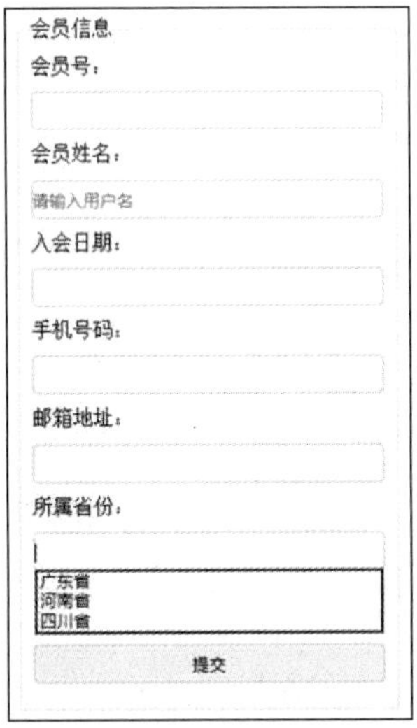

图 3-17　会员信息录入界面

项目四　使用JDBC存取数据

学习目标：

- 能利用 JDBC 编写数据库访问程序。
- 能正确利用 Statement/PreparedStatement 接口处理数据。
- 能对 ResultSet 结果集进行处理。
- 理解 JDBC 的执行过程。

重难点：

- 重点：JSP 访问 MySQL 数据库的步骤；使用 Statement 接口进行信息增删改查操作的规则；使用 PreparedStatement 接口进行信息增删改查操作的规则；ResultSet 结果集的处理方法。
- 难点：数据库访问程序的封装及使用；使用 PreparedStatement 接口进行信息增删改查时的参数设置。

思政元素：

- 二人同心，其力断金。

引导资料：JDBC 概述

Java数据库连接（Java DataBase Connectivity，JDBC）是一种用于执行SQL语句的Java API，提供访问多种常用数据库的类和接口。JDBC 为开发人员提供了一个标准的 API，使数据开发人员能够用纯 Java 的 API 编写数据库的应用程序。

1. JDBC 组成

JDBC 由两部分组成：一部分是供程序员调用的 API，对任何数据库的操作都可以用这组 API 来进行；另一部分是 JDBC Driver Interface，即面向 JDBC 驱动程序开发商的编程接口，需要各种数据库厂商来实现，将 JDBC API 发给数据库的通用指令翻译给对应的数据库，因此也叫 JDBC 驱动程序。JDBC 是接口，而 JDBC 驱动才是接口的实现，没有驱动无法完成数据库连接。每个数据库厂商都有自己的驱动，用来连接自己公司的数据库。JDBC 数据库驱动模型如图 4-1 所示。

为了使客户端程序独立于特定数据库驱动程序，JDBC 规范建议开发者使用接口编程方式，即尽量应用 java.sql 及 javax.sql 中的接口和类。

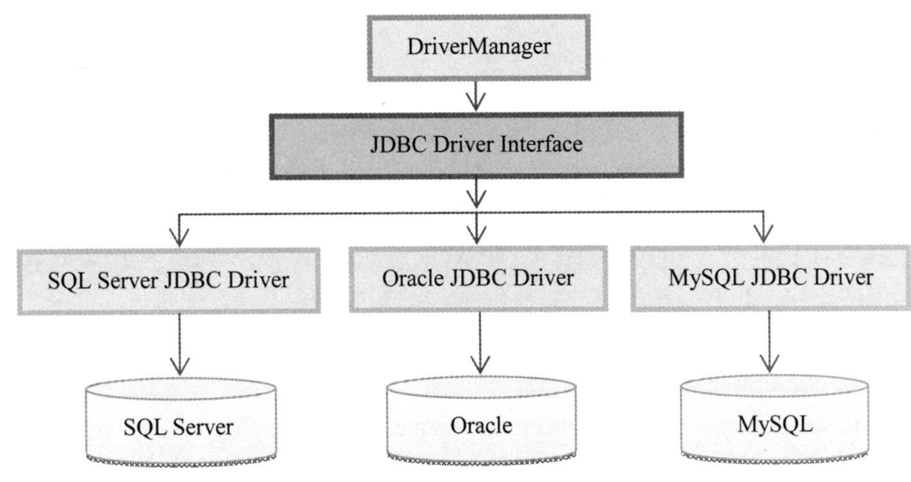

图 4-1　JDBC 数据库驱动模型

2. JDBC 驱动程序类型

JDBC 驱动由各数据库厂商提供，在实际应用开发中，有以下四种驱动方式：

（1）JDBC-ODBC 桥驱动程序：该方式通过 JDBC 桥接器来访问安装在每台客户机上的 ODBC 驱动程序。在使用 ODBC 前，需要在相应系统上配置标识目标数据库的数据源名称。

（2）本地 API：JDBC API 使用时将转换为本地 C/C++ API 调用，这些驱动程序通常由数据库供应商提供。本地 API 在使用前必须在每个客户机上安装供应商特定的驱动程序。

（3）JDBC 网络纯 Java 驱动程序：该驱动使用三层方式来访问数据库，即 JDBC 客户端使用标准网络套接字与中间件应用程序服务器进行通信，套接字信息随后由中间件应用服务器转换成数据库管理系统所需的调用格式，并转发到数据库服务器。

（4）本地协议纯 Java 驱动程序：基于纯 Java 的驱动程序通过套接字连接与供应商的数据库直接通信。这种驱动非常灵活，不需要在客户端或服务器上安装特殊的软件，该驱动程序性能较高，通常由供应商自己提供。

目前，较为常用的驱动方式为本地协议纯 Java 驱动程序。

任务 4–1　MySQL JDBC 类库的使用

MySQL JDBC 类库的使用

任务目标

能利用 JDBC 类库访问数据库，掌握 JDBC 核心 API 及其执行过程，以及访问 MySQL 数据库的 URL 参数设置。

任务要求

修改学生管理系统 StudentPro 项目中的用户登录程序，要求通过 JDBC 类库完成数据库的数据查询访问，即通过 Statement 声明对象的“executeQuery(参数)”方法，实现数据库查询操作。访问的数据名称为 students，该数据库的访问用户名为 root，密码为 mysql123，数据库存放在本地计算机中（地址为 localhost），数据库的访问端口号为 3308。

知识准备：JDBC 核心 API 及其执行过程

1. JDBC 核心 API

JDBC API 完成三件事：与数据库建立连接、执行 SQL 语句、处理结果。对应的相关常用类/接口主要如下：

（1）DriverManager：是 JDBC 的管理层，依据数据库的不同，管理 JDBC 驱动。它跟踪可用的驱动程序，并在数据库和相应的驱动程序之间建立连接。

（2）Connection：负责连接数据库并承担传送数据的任务。

（3）Statement/PreparedStatement：由 Connection 产生，用来向数据库发送及执行 SQL 语句。

（4）ResultSet：负责保存 Statement/PreparedStatement 执行后所产生的查询结果（即结果集），只有在执行查询操作后才会产生结果集。此结果集相当于一个二维的表格，有行有列。

2. JDBC 执行过程

JDBC 执行过程一般要完成以下几步：装载驱动程序、获取数据库连接、生成 Statement、获取结果集、处理结果集、关闭连接等。具体执行过程如图 4-2 所示。

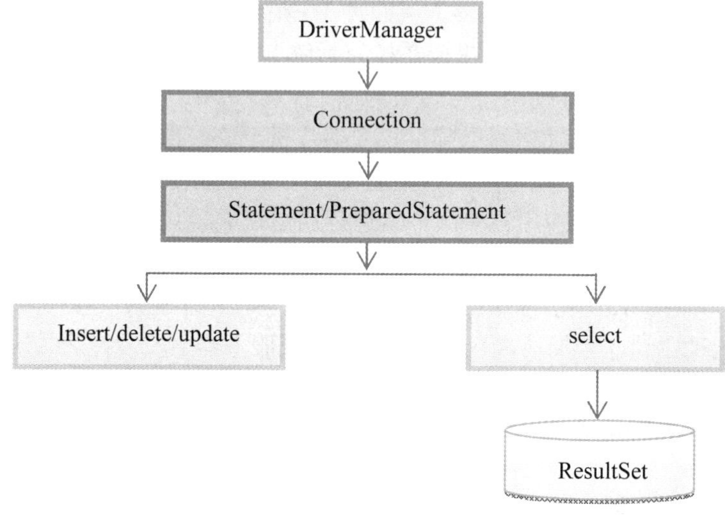

图 4-2 JDBC 执行过程

（1）装载驱动程序。由于驱动程序本质上还是一个 java.sql.Driver 接口的实现类，因此将驱动加载到内存和加载普通的类（class）的原理是一样的。具体来说，装载驱动程序使用 Class.forName()将对应的驱动类加载到内存中，通过执行相关代码段以创建一个驱动 Driver 的实例，供 DriverManager 调用。将常用的数据库驱动加载到内存中的代码如下：

```
//加载 Oracle 数据库驱动
Class.forName("oracle.jdbc.driver.OracleDriver");
//加载 SQL Server 数据库驱动
Class.forName("com.microsoft.sqlserver.jdbc.SQLServerDriver");
//加载 MySQL 数据库驱动
Class.forName("com.mysql.cj.jdbc.Driver");
```

（2）获取数据库连接。创建 Connection 对象，用来和数据库的数据操作和交互。获取数据库连接的常用语句如下：

```
Connection con = DriverManager.getConnection(url,username,password);
```

其中 username 和 password 是登录数据库的用户名和密码，url 用来定位要连接的数据库网络地址。常用的相关数据库的 url 参数示例如下：

```
//Oracle
jdbc:oracle:thin:@localhost:1521:orcl
//SQL Server
jdbc:sqlserver://localhost:1433;DatabaseName=uwl
//MySQL
jdbc:mysql://127.0.0.1:3306/mydb1
```

JDBC 规定 url 的格式一般由三部分组成，每部分中间使用冒号分隔，具体如下：

第一部分是 jdbc，此为固定值。

第二部分是要连接的数据库。

第三部分由数据库厂商规定，一般由数据库服务器的 IP 地址、端口号、具体的数据库名称等组成。

（3）生成 Statement。Statement 用于向数据库发送要执行的 SQL 语句（主要是不带参的 SQL）。Statement 的语法示例如下：

```
Statement sm = cn.createStatement();
```

在 Statement 中提供了两个常用方法，具体如下：

```
sm.executeQuery(sql);        //执行数据查询语句（select），返回查询结果记录集 ResultSet
sm.executeUpdate(sql);       //执行数据更新语句（delete、update、insert、drop 等）。此方法返回整数值，
                             //表示执行后更新影响的记录数（若为 0 表示未更新，若为-1 表示更新失败）
```

（4）获取结果集。通过 Statement 中 executeQuery()方法返回的是 ResultSet，ResultSet 封装了查询结果，语法示例如下：

```
ResultSet rs = stmt.executeQuery(sql);//Statement
```

（5）处理结果集。ResultSet 就是一张二维的表格，它内部有一个“行光标”，光标默认的位置在“第一行上方”。当调用 ResultSet 对象的 next()方法时即可将“行光标”向下移动一行，若 next()方法的返回结果为 false，则表示无可读数据了；若 next()方法的返回结果为 true，则表示该行有可读数据，便可通过 getXXX(int col)方法来获取指定列的数据。

```
rs.next();                   //光标移动到下一行
rs.getInt(1);                //获取当前行第一列的数据
rs.getString("creator");     //获取当前行 creator 字段的数据
```

当使用 rs.getString(1)方法时，数据库相应表中第 1 列的数据类型务必为字符串类型，如果不能确定，则可使用 rs.getObject(1)。在 ResultSet 类中提供了一系列的 getXXX()方法，如：

```
Object getObject(int col)
String getString(int col)
Date getDate(String fieldName)
```

（6）关闭连接。数据库访问完成后，要与 I/O 流一样，关闭数据库相关连接对象。关闭的顺序是先产生的后关闭，后产生的先关闭。

```
rs.close();        //关闭结果集
stmt.close();      //关闭声明
con.close();       //关闭数据库连接
```

实施过程

1. MySQL JDBC 类库的获取

首先下载 MySQL 数据库的驱动 jar 包，下载地址为https://dev.mysql.com/downloads/，如图 4-3 所示。

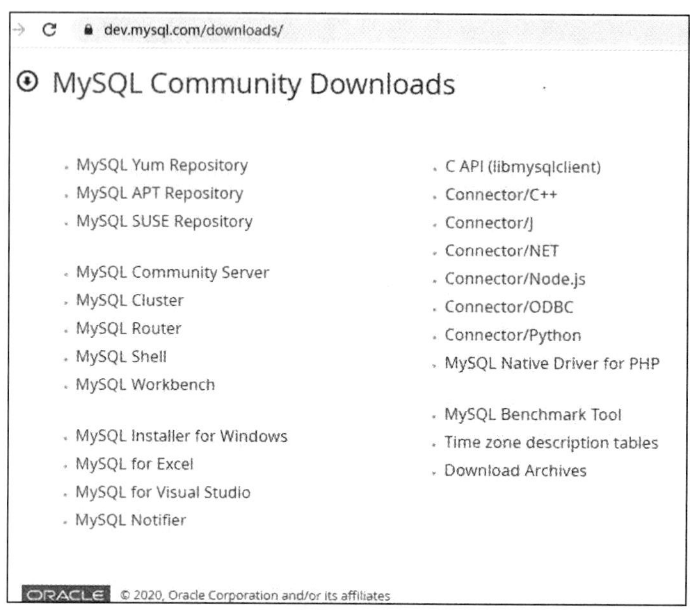

图 4-3　MySQL 数据库驱动下载页

在该页面中选择 Connector/J 后将进入 Connector/J 8.0.21（版本号会即时更新）的下载，如图 4-4 所示。

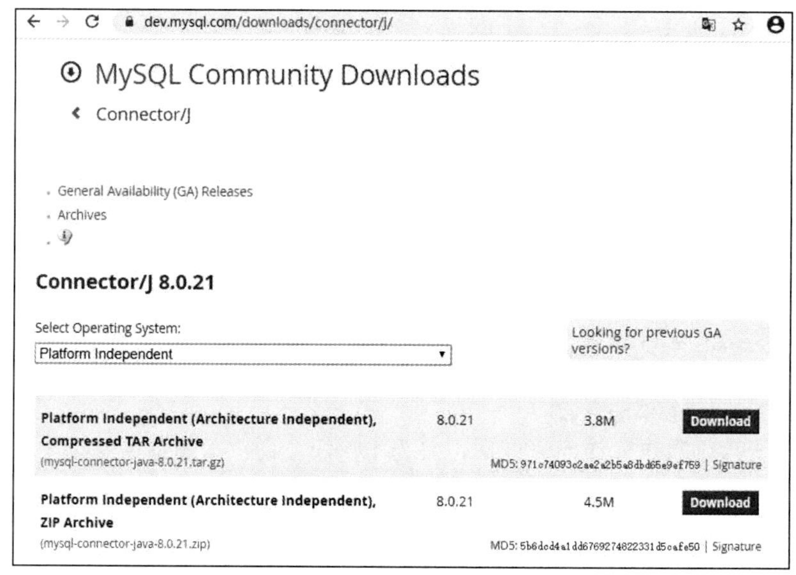

图 4-4　Connector/J 下载列表页

在下载列表页（图 4-4）中的 Select Operating System 对应的下拉框中选择 Platform Independent，并单击图中的 Compressed TAR Archive 对应行的 Download 下载按钮进入下载页面，如图 4-5 所示。

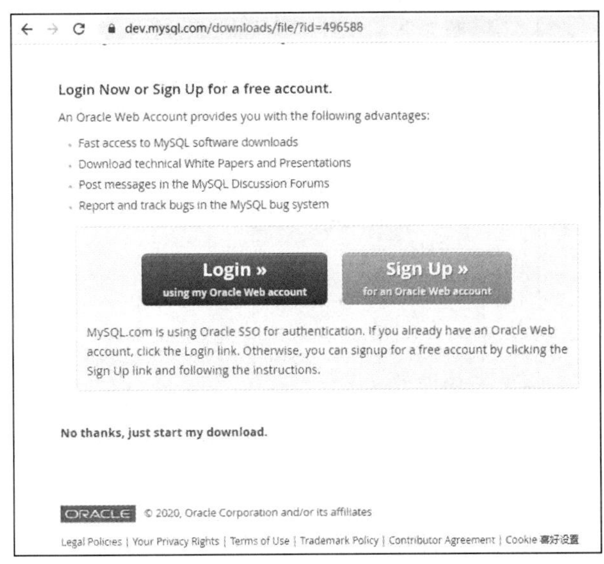

图 4-5　TAR 包下载页面

如果有账号，则登录；如果没有账号，则单击“No thanks,just start my download.”链接进行下载。下载完成并解压缩文件之后，将 mysql-connector-java-8.0.21.jar 导入项目中即可。

2. MySQL JDBC 类库的导入

将 mysql-connector-java-8.0.21.jar 类库包复制到项目中 WebContent 下的 WEN-INF 文件夹中的 lib 子文件夹里（在本书使用的 Eclipse 版本中，一般情况下复制到 lib 子文件夹中的类库包会自动关联到项目类库中，若没有关联则按以下两个步骤处理）。

（1）在 lib 文件夹中的 mysql-connector-java-8.0.21.jar 上右击，选择 Build Path→Add to Build Path 选项，如图 4-6 所示。

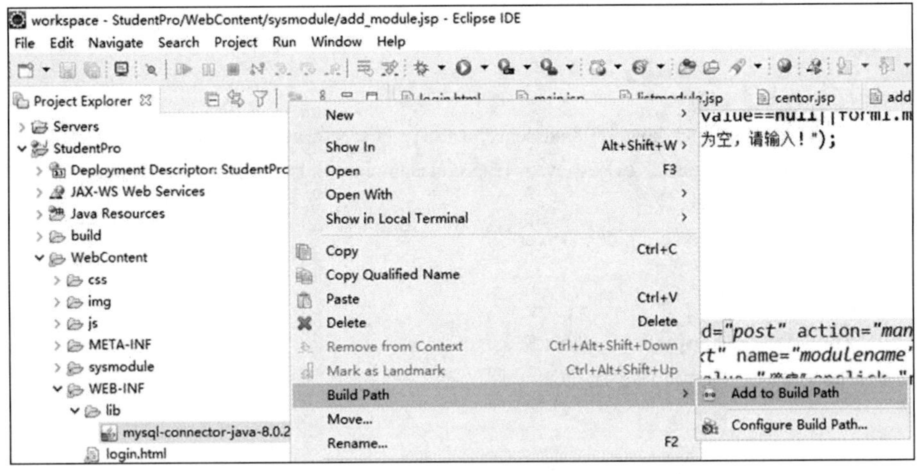

图 4-6　Add to Build Path 选项

（2）此时，将会在项目文件结构中的 Referenced Libraries 下出现关联进来的类库包即 mysql-connector-java-8.0.21.jar，如图 4-7 所示。此后即可使用 MySQL 数据库对应的 JDBC 类库了。

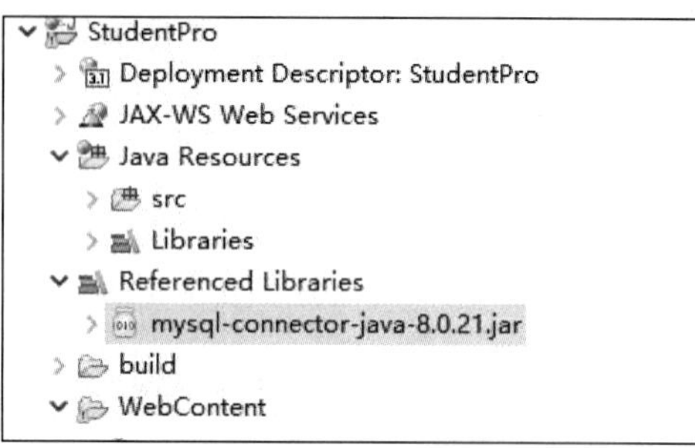

图 4-7 关联好的类库

3. 第一个 MySQL 数据库访问程序

下面以用户登录程序为例，说明 MySQL 数据库访问程序在 JSP 页面中的编写过程。

（1）在 checklogin.jsp 页面程序中通过 page 指令导入 Java 数据库访问类库。

```
<%@ page import="java.sql.DriverManager"%>
<%@ page import="java.sql.Connection"%>
<%@ page import="java.sql.Statement"%>
<%@ page import="java.sql.ResultSet"%>
```

（2）修改登录判断程序。

```
<%
    //通过 request 内置对象获取表单控件的数据
    String uname = request.getParameter("username");
    String upwd = request.getParameter("pwd");
    /*  if("huang".equals(uname)&&"123".equals(upwd)){  //设定当前用户名及密码分别为 huang、123
            request.getRequestDispatcher("main.jsp").forward(request, response);
            //out.println("登录成功");
        }else{
            response.sendRedirect("login.html");
        }
    */
    //访问数据库所在位置
String url = "jdbc:mysql://localhost:3308/students?useSSL=false&serverTimezone=
            UTC&AllowPublicKeyRetrieval=True& useUnicode=false&characterEncoding=UTF8";
    //MySQL 数据库 JDBC 驱动
    String driver = "com.mysql.cj.jdbc.Driver";
    /*
        8.0 版本以下用以下方式
        String url = "jdbc:mysql://localhost:3308/students";
        String driver = "com.mysql.jdbc.Driver";
    */
    //数据库访问用户
    String username = "root";
```

```
    //数据库访问用户密码
    String password = "mysql123";
    //加载驱动类
    Class.forName(driver);
    //获取连接 Connection
    Connection connection = DriverManager.getConnection(url, username, password);
    //获取声明 Statement
    Statement stmt = connection.createStatement();
    //得到查询结果集 ResultSet
    ResultSet rs = stmt.executeQuery("select * from t_user where username='" + uname + "'and
                userpassword='" + upwd + "'");
    //读取结果集数据 rs.next()
    if (rs.next()) {
        request.getRequestDispatcher("main.jsp").forward(request, response);
    } else {
        response.sendRedirect("login.html");
    }
    rs.close();              //关闭结果集
    stmt.close();            //关闭声明
    connection.close();      //关闭连接
    %>
```

（3）运行 login.html 页面，输入用户名与密码（页面输入的用户名与密码是数据库 t_user 表中的用户名与密码，而不是 MySQL 数据库访问的用户名与密码），这时即可通过访问数据库中数据来进行登录。

在“executeQuery(参数)”方法中，参数为 SQL 语句，以字符串形式传入，本示例中通过字符串拼接的形式组合了一个查询语句，该语句能查询满足用户及其密码条件的数据。在拼接 SQL 语句时，一定要注意最终的字符串需满足 SQL 语句的语法要求。

知识解析：访问 MySQL 数据库的 URL 参数设置

在访问 MySQL 数据库的 URL 中，通常要加上一些设置参数，如 useSSL、useUnicode 等。这些参数的具体含义如下：

（1）serverTimezone 为设定时区的参数。在设定过程中，如果将其设置为 serverTimezone=UTC，即设置为世界标准时间，则会比中国时间早 8 个小时。若在国内，则可设置为 Asia/Shanghai 或者 Asia/Hongkong，即 serverTimezone=Asia/Shanghai。

（2）useSSL 用于设置是否采用安全套接层（Secure Sockets Layer，SSL）连接。如设置 useSSL=false，则表示显式禁用 SSL 连接。如果需要用 SSL 连接，则需要为服务器证书验证提供信任库，并设置 useSSL=true。

（3）AllowPublicKeyRetrieval 参数用于设置是否允许客户端从服务器获取公钥。此参数默认是关闭的，若需要则必须显式开启，即设置 AllowPublicKeyRetrieval=true，但是这样可能会导致恶意的代理通过中间人攻击获取到明文密码。

（4）useUnicode 参数指定这个连接数据库的过程中，使用的字节集是 Unicode 字节集。

（5）characterEncoding 参数指定在连接数据库的过程中，使用的字节集编码为 UTF-8 编码。在此要注意，MySQL 中指定 UTF-8 编码的值为 UTF8，而不是 UTF-8。

任务 4–2 使用 Statement 接口实现模块信息增删改查

任务目标

能利用 Statement 接口操作数据库数据。

任务要求

完成学生管理系统 StudentPro 项目中的模块管理功能，即实现模块数据增加、删除、修改及查询功能，注意提高程序可复用性、可维护性。页面数据展示方式暂不要求。

实施过程

增加模块功能实现

1. 增加模块功能实现

（1）修改 add_module.jsp 页面的 action 属性值为 toAdd_module.jsp，增加一个文本框，用于输入模块 URL。修改后的表单如下：

```
<form name="form1" method="post" action="toAdd_module.jsp">
  模块名称：<input type="text" name="modulename"/></br>
  模块 URL：<input type="text" name="moduleurl"/></br></br>
  <input type="submit" value="确定" onclick="return checkModuleName()"/>
</form>
```

（2）在 sysmodule 文件夹中新建一个名为 toAdd_module.jsp 的页面。

（3）在 toAdd_module.jsp 页面中通过 page 指令导入 Java 数据库访问类库。

```
<%@ page import="java.sql.DriverManager"%>
<%@ page import="java.sql.Connection"%>
<%@ page import="java.sql.Statement"%>
```

（4）在该页面的<body>标签中编写以下代码：

```
<%
    request.setCharacterEncoding("UTF-8");
    String modulename=request.getParameter("modulename");
    String moduleurl=request.getParameter("moduleurl");
    //访问数据库所在位置
    String url = "jdbc:mysql://localhost:3308/students?useSSL=false&serverTimezone=Asia/
                Shanghai&useUnicode=true&characterEncoding=UTF8";
    //MySQL 数据库 JDBC 驱动
    String driver = "com.mysql.cj.jdbc.Driver";
    //数据库访问用户
    String username = "root";
    //数据库访问用户密码
    String password = "mysql123";
    //加载驱动类
    Class.forName(driver);
    //获取连接 Connection
```

```
        Connection connection = DriverManager.getConnection(url, username, password);
        //获取声明 Statement
        Statement stmt = connection.createStatement();
        //得到更新结果
        int rs = stmt.executeUpdate("insert into t_module where modulename='" + modulename + "'and moduleurl
            ='" + moduleurl + "'");
        //若返回结果大于 0，表示增加成功，页面转向模块管理页面，否则表示增加失败
        if (rs>0) {
            out.println("<script>alert('增加成功！');</script>");
            out.println("<a href='man_module.jsp'>转向管理页面</a>");
            out.println("<a href='add_module.jsp'>转向增加页面</a>");
        } else {
            out.println("<script>alert('增加失败！')</script>");
        }
        rs.close();
        stmt.close();              //关闭声明
        connection.close();        //关闭连接
    %>
```

（5）启动 Tomcat 服务，重新部署系统。运行 add_module.jsp 页面，输入相关数据后单击“确定”按钮提交，如图 4-8 所示。若增加成功，则会提示“增加成功！”，并显示两个超链接，此时也可查看数据库相关表是否增加成功；若增加失败，则会提示“增加失败！”。

程序中通过 Statement 对象 stmt 调用“executeUpdate (参数)”方法，实现了增加模块的功能。“executeUpdate (参数)”方法的参数为字符串，是传递实现增加、删改、修改数据功能的 SQL 语句，在本示例中通过拼接方式组合成为增加模块的 SQL 语句。

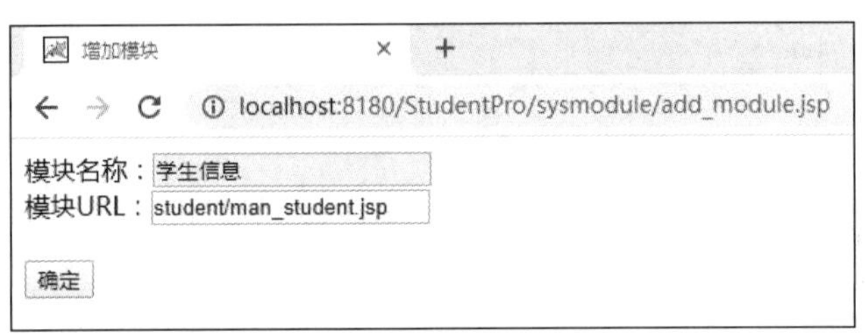

图 4-8　add_module.jsp 页面运行结果

2. 查询模块功能实现

（1）在 man_module.jsp 页面中通过 page 指令导入 Java 数据库访问类库。

```
<%@ page import="java.sql.DriverManager"%>
<%@ page import="java.sql.Connection"%>
<%@ page import="java.sql.Statement"%>
<%@ page import="java.sql.ResultSet"%>
```

（2）修改 man_module.jsp 页面样式。即在</head>标签上方增加以下 CSS 样式，用于设置表格的边框、长宽等。

```
<style type="text/css">
    table{
        border-collapse: collapse;
        margin: auto;
```

```
        align-content: center;
        width: 80%;
    }
    table,table tr td {
        border:1px solid #ccc;
    }
    table tr td{
        padding: 5px 10px;
    }
</style>
```

（3）修改 man_module.jsp 页面的主体程序。具体程序如下：

```
<div style="text-align: left; padding-left:10%">
        <a href="add_module.jsp">增加模块</a>
</div>
<div style="text-align: center;">
        <table>
            <tr height="40px">
                <td width="10%">模块 ID</td>
                <td width="30%">模块名称</td>
                <td width="30%">模块 URL</td>
                <td>操作</td>
            </tr>
    <%
    //访问数据库所在位置
    String url = "jdbc:mysql://localhost:3308/students?useSSL=false&serverTimezone=Asia/
                Shanghai&useUnicode=true&characterEncoding=UTF8";
    //MySQL 数据库 JDBC 驱动
    String driver = "com.mysql.cj.jdbc.Driver";
    //数据库访问用户
    String username = "root";
    //数据库访问用户密码
    String password = "mysql123";
    //加载驱动类
    Class.forName(driver);
    //获取连接 Connection
    Connection connection = DriverManager.getConnection(url, username, password);
    //获取声明 Statement
    Statement stmt = connection.createStatement();
    //得到所有的模块数据
    ResultSet rs = stmt.executeQuery("select * from t_module");
    //循环读取数据库记录
    while (rs.next()) {
   %>
        <tr height="40px">
            <td width="10%"><%=rs.getInt(1) %></td>
            <td width="30%"><%=rs.getString(3) %></td>
            <td width="30%"><%=rs.getString("moduleurl") %></td>
            <td><a href="mod_module.jsp?moduleid=<%=rs.getInt(1) %>">
              修改</a>  & nbsp <!--   为空格-->
```

```
            <a href="del_module.jsp?moduleid=<%=rs.getInt(1) %>">删除</a></td>
        </tr>
    <%
    }
    stmt.close();               //关闭声明
    connection.close();         //关闭连接
    %>
        </table>
    </div>
```

（4）运行 man_module.jsp 页面，结果如图 4-9 所示。

localhost:8180/StudentPro/sysmodule/man_module.jsp

增加模块

模块ID	模块名称	模块URL	操作
1	学生信息	student/man_student.jsp	修改　删除
2	学生信息2	student/man_student.jsp	修改　删除
3	学生信息3	student/man_student.jsp	修改　删除
4	学生信息4	student/man_student.jsp	修改　删除

图 4-9　man_module.jsp 页面运行结果

上述程序中包括了 HTML、JSP 等代码内容，通过循环抑制页面数据的显示。在循环程序中，HTML、JSP 代码交叉出现，HTML 代码负责前端页面结构样式，JSP 代码负责填充相关数据。

程序中通过 ResultSet 结果集对象 rs 调用 next()方法，以循环方式获取每一行数据。在读取数据时，通过 ResultSet 结果集对象 rs 调用“getXXX(参数)”方法，取得具体的字段数据。在使用“getXXX(参数)”方法时，根据数据库字段的数据类型来确定“getXXX(参数)”的具体方法，如为整型，则调用“getInt(参数)”。该方法的参数可以传入数据库表的字段顺序（在数据库表中字段的排列序号，从 1 开始计数），也可传入数据库表的字段名称。

3. 封装数据库访问程序

封装数据库访问程序

在增加模块及查询模块功能的实现过程中，都有一段一样的访问数据库的代码。为提高程序的可复用性、可维护性，可将该部分代码进行抽取并封装在一个类中，具体步骤如下：

（1）在项目的 Java 源代码 src 文件夹上右击，选择 New→Class 选项，如图 4-10 所示。

图 4-10　New→Class 选项

（2）在出现的 New Java Class 窗口中，在 Package 文本框中输入包名 com.huang.db，在 Name 文本框中输入类名 DbConn，如图 4-11 所示。单击 Finish 按钮，即可创建一个 Java 类。

图 4-11 New Java Class 窗口

（3）在 DbConn 中增加如下代码：

```
package com.huang.db;

import java.sql.Connection;
import java.sql.DriverManager;
import java.sql.ResultSet;
import java.sql.SQLException;
import java.sql.Statement;

/**
 * @author Administrator
 */
public class DbConn {
    //访问数据库所在位置
    private static final String url = "jdbc:mysql://localhost:3308/students?useSSL=false&serverTimezone=
     Asia/Shanghai&useUnicode=true&characterEncoding=UTF8";
    //MySQL 数据库 JDBC 驱动
    private static final String driver = "com.mysql.cj.jdbc.Driver";
```

```
//数据库访问用户
private static final String username = "root";
//数据库访问用户密码
private static final String password = "mysql123";
ResultSet rs = null;
Statement stmt = null;
Connection connection = null;

//获取连接 Connection
public Connection getConn() {
    //加载驱动类
    try {
        Class.forName(driver);
    } catch (ClassNotFoundException e) {
        //TODO Auto-generated catch block
        e.printStackTrace();
    }
    //获取连接 Connection
    try {
        connection = DriverManager.getConnection(url, username, password);
    } catch (SQLException e) {
        //TODO Auto-generated catch block
        e.printStackTrace();
    }
    return connection;
}

//获取声明 Statement
public Statement getStatement() {
    try {
        stmt = getConn().createStatement();
    } catch (SQLException e) {
        //TODO Auto-generated catch block
        e.printStackTrace();
    }
    return stmt;
}

//获取查询结果集
public ResultSet getResultSet(String sql) {
    try {
        rs = getStatement().executeQuery(sql);
    } catch (SQLException e) {
        //TODO Auto-generated catch block
        e.printStackTrace();
    }
```

```
        return rs;
    }

    //获取更新结果
    public int getModify(String sql) {
        int rs = 0;
        try {
            rs = getStatement().executeUpdate(sql);
        } catch (SQLException e) {
            //TODO Auto-generated catch block
            e.printStackTrace();
        }
        return rs;
    }

    //关闭结果集
    public void CloseResultSet() {
        try {
            if (rs != null)
                rs.close();
            rs=null;
        } catch (SQLException e) {
            //TODO Auto-generated catch block
            e.printStackTrace();
        }
    }

    //关闭声明 Statement
    public void CloseStatement() {
        try {
            if (stmt != null)
                stmt.close();
            stmt =null;
        } catch (SQLException e) {
            //TODO Auto-generated catch block
            e.printStackTrace();
        }
    }

    //关闭数据库连接
    public void CloseConnection() {
        try {
            if (connection != null)
                connection.close();
        } catch (SQLException e) {
            //TODO Auto-generated catch block
```

```
                e.printStackTrace();
            }
        }

        //按顺序关闭数据库连接对象
        public void CloseAllStmt() {
            this.CloseResultSet();
            this.CloseStatement();
            this.CloseConnection();
        }
}
```

4. 修改模块功能实现

修改模块功能实现

（1）新建 mod_module.jsp 页面，通过 page 指令导入 Java 数据库访问类库，并引入上一步所建立的数据库访问类 DbConn，使修改模块的 JSP 页面程序更加简化。

```
<%@ page import="java.sql.ResultSet"%>
<%@ page import="com.huang.db.*"%>
```

（2）在该页面的<body>标签中编写以下代码：

```
<%
  request.setCharacterEncoding("UTF-8");
  String id=request.getParameter("moduleid");
  String sql="select modulename,moduleurl from t_module where moduleid="+id;
  DbConn dbconn=new DbConn();      //新建 DbConn 对象
  ResultSet rs=dbconn.getResultSet(sql);   //调用自行封装的 getResultSet()方法来获得查询结果集
  if(rs.next()){
%>
<form name="form1" method="post" action="toMod_module.jsp">
  模块名称：<input type="text" name="modulename" value="<%=rs.getString("modulename")%>"/></br>
  模块 URL：<input type="text" name="moduleurl" value="<%=rs.getString("moduleurl")%>"/></br>
  <input type="hidden" name="moduleid" value="<%=id%>"/></br>
  <input type="submit" value="确定" onclick="return checkModuleName()"/>
</form>
<%
  }
dbconn.CloseAllStmt();
%>
```

（3）增加页面表单验证功能。

```
<script type="text/javascript">
function checkModuleName(){
    if(form1.modulename.value==null||form1.modulename.value==""){
        alert("模块信息不能为空，请输入！");
        return false;
    }else
        return true;
}
</script>
```

（4）新建一个名为 toAdd_module.jsp 的页面，并导入如下代码：

```
<%@ page import="com.huang.db.*"%>
```

（5）将 toAdd_module.jsp 页面的主体程序修改为如下代码：

```
    <%
    request.setCharacterEncoding("UTF-8");
    String id = request.getParameter("moduleid");
    String modulename = request.getParameter("modulename");
    String moduleurl = request.getParameter("moduleurl");
    String sql = "update set modulename='" + modulename + "',moduleurl='" + moduleurl + "' where moduleid=" + id;
    DbConn dbconn = new DbConn();
//调用自行封装的 getModify()方法来执行更新操作
    if (dbconn.getModify(sql) > 0) {
        out.println("<script>alert('修改成功！');</script>");
        out.println("<a href='man_module.jsp'>转向管理页面</a>");
    } else {
        out.println("<script>alert('修改失败！')</script>");
    }
    dbconn.CloseAllStmt();
    %>
```

（6）启动 Tomcat 服务，重新部署系统。运行 man_module.jsp 页面，单击某一条记录对应的修改链接，即可转向修改页面 mod_module.jsp。选择第二条记录的结果，如图 4-12 所示，修改成功后如图 4-13 所示。

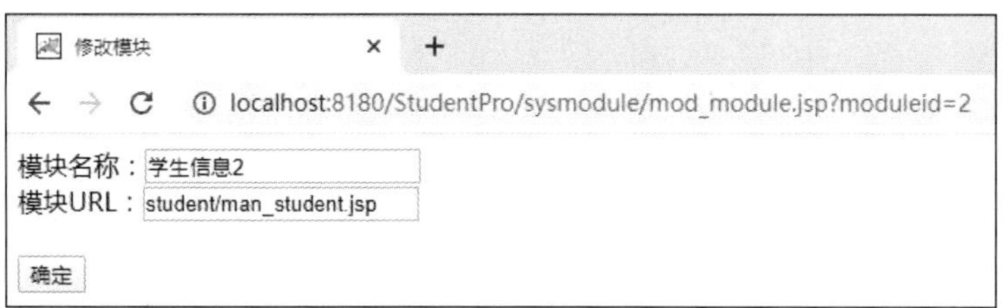

图 4-12 修改页面 mod_module.jsp

增加模块

模块ID	模块名称	模块URL	操作
1	学生信息	student/man_student.jsp	修改 删除
2	班级管理	classes/man_classes.jsp	修改 删除
3	学生信息3	student/man_student.jsp	修改 删除
4	学生信息4	student/man_student.jsp	修改 删除

图 4-13 修改成功后的 man_module.jsp 页面

5. 删除模块功能实现

删除模块功能实现

（1）新建 del_module.jsp 页面，通过 page 指令导入数据库访问类 DbConn。

```
<%@ page import="com.huang.db.*"%>
```

（2）在该页面的<body>标签中编写以下代码：

```
<%
    request.setCharacterEncoding("UTF-8");
    String id = request.getParameter("moduleid");
    String sql = "delete from t_module where moduleid=" + id;
    //创建数据库连接
    DbConn dbconn=new DbConn();
    //判断执行结果，若大于 0 表示删除成功，否则不成功
    if (dbconn.getModify(sql) > 0) {
        out.println("<script>alert('删除成功！');</script>");
        out.println("<a href='man_module.jsp'>转向管理页面</a>");
    } else {
        out.println("<script>alert('删除失败！')</script>");
    }
    dbconn.CloseAllStmt();
%>
```

（3）启动 Tomcat 服务，重新部署系统。运行 man_module.jsp 页面，单击某一条记录对应的删除链接，即可转向删除页面 del_module.jsp 完成删除操作。

任务 4–3　使用 PreparedStatement 接口实现角色信息增删改查

任务目标

能利用 PreparedStatement 接口操作数据库数据。

任务要求

完成学生管理系统 StudentPro 项目中角色信息管理功能，即实现角色信息增加、删除、修改及查询功能，注意提高程序可复用性、可维护性。页面数据展示方式暂不要求。

知识准备：PreparedStatement 接口

PreparedStatement 是 Statement 的子接口，为预编译声明。使用 Connection 的 prepareStatement (String sql)时，需要在创建预声明时绑定一条 SQL 语句，然后再调用 PreparedStatement 的 setXXX()系列方法为 SQL 语句中的问号设置具体参数值，最后才调用 executeUpdate()或 executeQuery()方法来完成数据访问或处理。

（1）用 PreparedStatement 执行 SQL 语句（带参 SQL）。

```
String sql="insert into users(id,name,pwd) values (?,?,?)";
PreparedStatement ps = cn.prepareStatement(sql);
//对每一个问号按序号分别设置参数值
ps.setInt(1,10001);
ps.setString(2,"huang");
ps.setString(3,"123");
int c = ps.executeUpdate();   //更新、查询用 ps.executeQuery()
```

（2）用 PreparedStatement 执行 SQL 语句（批量更新或删除 SQL）。

```
PreparedStatement pstmt = con.prepareStatement("UPDATE Course SET record = ? WHERE ID = ?");
for(int i =0;i<length;i++){
    pstmt.setFloat(1, par1[i]);
    pstmt.setString(2, par2[i]);
    pstmt.addBatch();
    }
pstmt.executeBatch();
```

在应用中可使用 PreparedStatement 来替换 Statement。使用 PreparedStatement 能有效提高数据库访问效率，提高代码的可读性、可维护性，阻止 SQL 注入等攻击。

实施过程

1. 完善数据库访问程序

为提升程序可维护性、可复用性，将 PreparedStatement 的相关操作重新进行封装。修改前面创建的 DbConn 类，增加两个方法，代码如下：

```
//获取声明 PreparedStatement
public PreparedStatement getPreparedStatement(String sql) {
    PreparedStatement pstmt=null;
    try {
        pstmt = getConn().prepareStatement(sql);
    } catch (SQLException e) {
        //TODO Auto-generated catch block
        e.printStackTrace();
    }
    return pstmt;
}
//关闭声明 PreparedStatement
public void ClosePreparedStatement(PreparedStatement pstmt) {
    try {
        if (pstmt != null)
            pstmt.close();
        pstmt=null;
    } catch (SQLException e) {
        //TODO Auto-generated catch block
        e.printStackTrace();
    }
}
//关闭结果集
    public void CloseResultSet(ResultSet rs) {
        try {
            if (rs != null)
                rs.close();
            rs=null;
        } catch (SQLException e) {
            //TODO Auto-generated catch block
            e.printStackTrace();
        }
    }
```

2. 增加角色信息功能实现

增加角色信息功能实现

（1）在根目录 WebContent 下新建一个文件夹 sysrole，并在 sysrole 文件夹下新建 add_role.jsp、toAdd_role.jsp 两个 JSP 页面。

（2）修改 add_role.jsp 页面的主体程序，即在<body>标签中增加一个表单，内容如下：

```
<form name="form1" method="post" action="toAdd_role.jsp">
  角色名称：<input type="text" name="rolename"/></br></br>
  <input type="submit" value="确定" onclick="return checkRoleName()"/>
</form>
```

（3）在 add_role.jsp 页面的<head>标签中，增加一个 JavaScript 代码段，用于对数据进行合法性判断。代码如下：

```
<script type="text/javascript">
function checkRoleName(){
    if(form1.rolename.value==null||form1.rolename.value==""){
        alert("角色信息不能为空，请输入！");
        return false;
    }else
        return true;
}
</script>
```

（4）修改 toAdd_role.jsp 页面，即通过 page 指令将需要使用的相关类库导入进来。

```
<%@ page import="java.sql.PreparedStatement"%>
<%@ page import="com.huang.db.*"%>
```

（5）修改 toAdd_role.jsp 页面的主体程序，增加一段能将数据存入数据库表 t_role 的代码，内容如下：

```
<%
    request.setCharacterEncoding("UTF-8");
    String rolename=request.getParameter("rolename");
    String sql="insert into t_role(rolename) values(?)";
    //创建数据库连接
    DbConn dbconn=new DbConn();
    //获取声明 PreparedStatement
    PreparedStatement pstmt = dbconn.getPreparedStatement(sql);
    pstmt.setString(1, rolename);
    //得到更新结果
    int rs = pstmt.executeUpdate();
    //若返回结果大于 0，则表示增加成功，页面转向角色管理页面；否则表示增加失败
    if (rs>0) {
        out.println("<script>alert('增加成功！');</script>");
        out.println("<a href='man_role.jsp'>转向管理页面</a>");
        out.println("<a href='add_role.jsp'>转向增加页面</a>");
    } else {
        out.println("<script>alert('增加失败！')</script>");
    }
```

```
    dbconn.ClosePreparedStatement(pstmt);  //关闭声明
    dbconn.CloseConnection();              //关闭连接
%>
```

查询角色信息功能实现

3. 查询角色信息功能实现

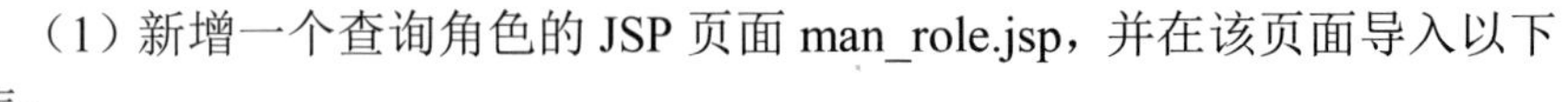

（1）新增一个查询角色的 JSP 页面 man_role.jsp，并在该页面导入以下类库：

```
<%@ page import="java.sql.PreparedStatement"%>
<%@ page import="java.sql.ResultSet"%>
<%@ page import="com.huang.db.*"%>
```

（2）新建一个 CSS 样式表文件 mytable.css，内容如下：

```
table{
        border-collapse: collapse;
        margin: auto;
        align-content: center;
        width: 80%;
}
table,table tr td {
      border:1px solid #ccc;
}
table tr td{
      padding: 5px 10px;
}
```

（3）将 mytable.css 文件引入 man_role.jsp 页面中。

```
<link rel="stylesheet" href="../css/mytable.css" type="text/css">
```

（4）修改 man_role.jsp 页面中的<body>主体程序，内容如下：

```
  <div style="text-align: left; padding-left:10%">
          <a href="add_role.jsp">增加角色</a>
  </div>
  <div style="text-align: center;">


      <table>
            <tr height="40px">
                  <td width="10%">角色 ID</td>
                  <td width="30%">角色名称</td>
                  <td>操作</td>
            </tr>
  <%
  String sql="select * from t_role";
  //创建数据库连接
  DbConn dbconn=new DbConn();
  //获取声明 PreparedStatement
  PreparedStatement pstmt = dbconn.getPreparedStatement(sql);
  //得到所有的模块数据
  ResultSet rs = pstmt.executeQuery();
  //循环读取数据库记录
  while (rs.next()) {
```

```
%>
        <tr height="40px">
            <td width="20%"><%=rs.getInt(1) %></td>
            <td width="50%"><%=rs.getString(2) %></td>
            <td><a href="mod_role.jsp?roleid=<%=rs.getInt(1) %>">修改</a>    
            <!--    为空格-->
            <a href="del_role.jsp?roleid=<%=rs.getInt(1) %>">删除</a></td>
        </tr>
    <%
    }
    dbconn.ClosePreparedStatement(pstmt);          //关闭声明
    dbconn.CloseConnection();                      //关闭连接
    %>
        </table>
    </div>
```

（5）启动 Tomcat 服务，执行 man_role.jsp 页面，结果如图 4-14 所示。

localhost:8180/StudentPro/sysrole/man_role.jsp

增加角色

角色ID	角色名称	操作
1	管理员	修改　删除
2	操作员	修改　删除

图 4-14　man_role.jsp 页面运行结果

修改角色信息功能实现

4. 修改角色信息功能实现

（1）新增一个修改角色的 JSP 页面 mod_role.jsp，并在该页面导入以下类库：

```
<%@ page import="java.sql.PreparedStatement"%>
<%@ page import="java.sql.ResultSet"%>
<%@ page import="com.huang.db.*"%>
```

（2）修改 mod_role.jsp 页面的主体程序，内容如下：

```
<%
  /*
     *  修改操作要先获取需修改的数据
  */
  request.setCharacterEncoding("UTF-8");
  String id=request.getParameter("roleid");
  //根据 ID 取得对应的修改数据
  String sql="select rolename from t_role where roleid="+id;
  //创建数据库连接
  DbConn dbconn=new DbConn();
  //获取声明 PreparedStatement
  PreparedStatement pstmt=dbconn.getPreparedStatement(sql);
  //执行查询取得结果集
  ResultSet rs=pstmt.executeQuery();
```

```
    if(rs.next()){
%>
<form name="form1" method="post" action="toMod_role.jsp">
<input type="hidden" name="roleid" value="<%=id%>"/></br>
    角色名称：<input type="text" name="rolename" value="<%=rs.getString(1)%>"/></br></br>
    <input type="submit" value="确定" onclick="return checkRoleName()"/>
</form>
<%
    }
        dbconn.ClosePreparedStatement(pstmt);  //关闭声明
        dbconn.CloseConnection();              //关闭连接
%>
```

（3）新建一个执行修改角色信息的 JSP 页面 toMod_role.jsp，并引入以下类库：

```
<%@ page import="java.sql.PreparedStatement"%>
<%@ page import="com.huang.db.*"%>
```

（4）修改 toMod_role.jsp 页面的主体程序，内容如下：

```
<%
        request.setCharacterEncoding("UTF-8");
        //获得 form 表单的参数值
        String rolename=request.getParameter("rolename");
        String id=request.getParameter("roleid");
        String sql="update t_role set rolename=? where roleid=?";
        //创建数据库连接
        DbConn dbconn=new DbConn();
        //获取声明 PreparedStatement
        PreparedStatement pstmt = dbconn.getPreparedStatement(sql);
        pstmt.setString(1, rolename);
        pstmt.setInt(2, Integer.parseInt(id));
        //得到更新结果
        int rs = pstmt.executeUpdate();
        //若返回结果大于 0，则表示增加成功，页面转向角色管理页面；否则修改失败
        if (rs>0) {
            out.println("<script>alert('修改成功！');</script>");
            out.println("<a href='man_role.jsp'>转向管理页面</a>");
        } else {
            out.println("<script>alert('修改失败！')</script>");
        }
        dbconn.ClosePreparedStatement(pstmt);  //关闭声明
        dbconn.CloseConnection();              //关闭连接
 %>
```

（5）运行 man_role.jsp 页面，单击某一记录的修改链接，即可完成该条记录的修改操作。

5. 删除角色信息功能实现

删除角色信息功能实现

（1）新建 del_role.jsp 页面，并引入以下类库：

```
<%@ page import="java.sql.PreparedStatement"%>
<%@ page import="com.huang.db.*"%>
```

（2）在 del_role.jsp 页面的<body>标签中编写以下代码：

```
<%
    request.setCharacterEncoding("UTF-8");
    String id = request.getParameter("roleid");
    String sql = "delete from t_role where roleid=" + id;
    //创建数据库连接
    DbConn dbconn=new DbConn();
    //获取声明 PreparedStatement
    PreparedStatement pstmt=dbconn.getPreparedStatement(sql);
    //判断执行结果，大于 0 表示删除成功，否则不成功
    if (pstmt.executeUpdate() > 0) {
        out.println("<script>alert('删除成功！');</script>");
        out.println("<a href='man_role.jsp'>转向管理页面</a>");
    } else {
        out.println("<script>alert('删除失败！')</script>");
    }
    dbconn.ClosePreparedStatement(pstmt);  //关闭声明
    dbconn.CloseConnection();              //关闭连接
%>
```

（3）启动 Tomcat 服务，重新部署系统。运行 man_role.jsp 页面，单击某一条记录对应的删除链接，即可转向删除页面 del_role.jsp，完成删除操作。

知识延展：JDBC 相关 API

1. CallablePrepareStatement 接口

CallablePrepareStatement 接口一般用来调用数据库中的存储过程，示例代码如下：

```
proc = conn.prepareCall("{ call PRO_COUNT(?)}");   //调用存储过程 PRO_COUNT
proc.setString(1, id);
proc.execute();
```

2. 事务的处理

JDBC 的事务处理相对简单，在执行多条更新语句后加 cn.commit()或 cn.rollback()即可。正常处理时，JDBC 中的 Connection 会自动提交数据。若需自行提交数据，则要在使用前关闭 Connection 的自动提交功能，代码如下：

```
connection.setAutoCommit(false);
```

当执行一系列 SQL 语句时，在执行下一条新的 SQL 语句之前，务必将前一条 Statement（或 PreparedStatement）关闭，示例代码如下：

```
Statement stmt;
try{
    stmt = connection.createStatement("insert into role... ");
    stmt.executeUpdate();
    stmt.close();
    stmt = connection.createStatement("insert into users... ");
    stmt.executeUpdate();
    stmt.close();
```

```
        connection.commit();
}catch(Exception e){
        connection.rollback();
}
```

当执行完一系列 SQL 语句后，即可通过 commit()方法提交数据，语句如下：

```
connection.commit();
```

若执行过程中出现异常，则需通过 rollback()方法进行数据回滚，语句如下：

```
connection.rollback();
```

拓 展 任 务

本阶段拓展任务要求

根据图书商城的需求及前期构建的图书商城数据库，结合 JDBC 类库实现图书分类管理模块、图书信息管理模块的相关功能，即要求完成该模块数据的增加、修改、删除及查询操作，具体页面展现样式不限。

拓展任务实施参考步骤

1. 使用 Statement 接口实现图书分类管理模块信息的增删改查

JSP 使用 Statement 接口访问 MySQL 数据库的步骤大致如下：

第一步：加载驱动程序。

```
Class.forName("com.mysql.jdbc.Driver");
```

第二步：链接数据库。

```
Connection dbCon= DriverManager.getConnection(url, "用户名", "密码");url="jdbc:mysql://localhost:数据库端口号/数据库名?useUnicode=true&characterEncoding=字符集";
```

第三步：创建向数据库发送 SQL 语句的对象。

```
Statement stmt=dbCon.createStatement();
```

第四步：执行 SQL 语句，处理执行结果。

```
ResultSet rs=stmt.executeQuery(sql 语句);
```

第五步：关闭并释放资源，注意语句顺序。

```
rs.close();
stmt.close();
dbCon.close();
```

2. 使用 PreparedStatement 接口实现图书信息管理模块的增删改查

关键代码 1：在项目 src 中新建 DbConn.java，并编写数据库访问程序，具体参见本项目任务 4-2、任务 4-3 的内容。

关键代码 2：使用 PreparedStatement 接口实现访问数据库。

```
String sql="数据库表数据操作语句 insert/select/update/delete";
    //创建数据库连接
    DbConn dbconn=new DbConn();
    //获取声明 PreparedStatement
    PreparedStatement pstmt = dbconn.getPreparedStatement(sql);
```

```
    pstmt.setString(1, 参数 1 的值);          //参数赋值
    …
    //得到更新结果
    int rs = pstmt.executeUpdate();
    //具体功能实现代码
    …
    dbconn.ClosePreparedStatement(pstmt);  //关闭声明
    dbconn.CloseConnection();              //关闭连接
%>
```

课后习题

（1）简述 JDBC 的作用，共有哪些主要组成部分？

（2）简述 JDBC 的执行过程所涉及的主要类/接口。

（3）Statement 与 PreparedStatement 间有何关联和区别？

（4）编写一个 JSP 程序，使之能正确访问 MySQL 数据库，并实现会员登录。主要包括以下内容：

1）建立会员信息表，并编写 MySQL 数据库访问程序。

2）编写登录页面 login.html。

3）提交用户登录信息后由 check.jsp 页面程序进行用户验证。

4）若用户验证成功，则跳转到 main.jsp 页面并显示“登录成功！欢迎使用会员管理系统”，若验证失败，则跳转到 login.html 页面。

项目五　使用 JSP 内置对象实现访问控制

学习目标：

- 能利用 session 实现访问控制程序。
- 能正确使用内置对象 application。
- 能正确使用 include 指令。
- 能区分 JSP 各个内置对象的使用场合。

重难点：

- 重点：掌握内置对象 session 和 application 的常用方法。
- 难点：掌握 JSP 各个内置对象的使用场景。

思政元素：

- 欲知平直，则必准绳。欲知方圆，则必规矩。

引导资料：session 对象概述

1. 访问控制

通常，用户在访问 Web 应用系统中的某个页面时，系统会去查询该用户是否已登录，如果已登录，则显示该页面的内容，如果没有，则转入登录页面，要求用户登录后再访问。这一情景，是当前最为常见的 Web 应用系统的访问控制实例。那么，在 JSP Web 应用系统中，该如何实现类似的访问控制呢？

目前，在 Web 应用中提供了一套会话跟踪机制，该机制能在一定时限内维持每个用户的会话信息，即通过使用会话跟踪，能在特定时限内为不同的用户保存不同的数据。

2. 会话跟踪

首先，什么是会话呢？

（1）在 Web 应用中，会话就是浏览器与服务器之间的一次通话，它包含浏览器与服务器之间的多次请求及响应过程。当用户向服务器发出第一次请求时，服务器会为该用户创建唯一的会话，会话将一直延续到用户访问结束，浏览器关闭，本次会话结束。

（2）使用 Web 容器提供的会话跟踪机制，可以维持每个用户的会话信息，也就是为不同的用户保存不同的数据。

在 JSP 中，会话跟踪技术主要是基于 session 来完成的。session 是 JSP 中的一个内置对象，用来存储和提取用户会话中的所有状态信息。每个 session 对象都与浏览器一一对应，若重新开启一个浏览器窗口，则相当于重新创建一个 session 对象，在其他浏览器窗口保存的登录信息与新的浏览器窗口完全无关。

使用 session 实现用户访问控制

任务 5-1　使用 session 实现用户访问控制

任务目标

能利用内置对象 session 实现访问控制，掌握内置对象 session 的使用方法及其执行过程。

任务要求

修改学生管理系统 StudentPro 项目中的用户登录程序，增加用户访问控制功能，即所有的用户只有在登录之后才能访问本系统。

知识准备：session 对象的常用方法

session 对象的常用方法如下：

（1）void setAttribute(String key,Object value)：以键/值的方式，将一个对象的值存放到 session 中去。例如：

```
//把字符串“huang”存放到键名为 NAME 的 session 中
session.setAttribute("NAME", "huang");
```

（2）Object getAttribute(String key)：根据键去获取 session 中存放的对象的值。例如：

```
//通过名称为 NAME 的键去获取 session 中存放的对象的值
String name = (String)session.getAttribute("NAME");
```

注意：session.getAttribute(String key)方法的返回值为 Object 对象，使用时务必根据实际情况进行强制类型转换。

实施过程

（1）打开 checklogin.jsp，修改其用户登录判断处的程序，内容如下：

```
if (rs.next()) {
//将用户 ID、用户名分别存放到键名为 USERID、USERNAME 的 session 中
        session.setAttribute("USERID", rs.getInt("userid"));
        session.setAttribute("USERNAME", rs.getString("username"));
        request.getRequestDispatcher("main.jsp").forward(request, response);
    } else {
        response.sendRedirect("login.html");
    }
```

（2）打开 main.jsp，在页面指令 page 语句后增加如下代码片段：

```
<%
  //获取键名为 USERNAME 的 session 对象值
  Object Uname_S=session.getAttribute("USERNAME");
  //若此 session 对象值为空，表明没有登录，转向登录界面
  if(Uname_S==null){
```

```
    response.sendRedirect("login.html");
}%>
```

（3）直接运行 main.jsp 页面，此时已不能直接访问该页面，只有在用户通过登录后才能正确访问该页面。

由以上实例可以看出，session 对象能有效保存用户会话的信息。在使用中，可根据实际需要采用 session 来存放相关会话信息。

任务 5-2　为所有页面增加访问控制

为所有页面增加访问控制

任务目标

能利用内置对象 session、include 指令实现系统的访问控制，掌握内置对象 session、include 指令的使用方法。

任务要求

为使学生管理系统 StudentPro 项目中所有需受访问控制限制的页面都能被有效控制，需在每一个页面增加访问控制代码片段。为方便程序运维，本任务将这类共性的内容写入一个单独的文件中，然后通过使用 include 指令来引用该文件，以解决代码的冗余问题。

实施过程

1. 建立登录验证文件

新建一个登录验证文件 checkok.jsp，在该页面的主体程序中增加以下代码：

```
<%
  //获取键名为 USERNAME 的 session 对象值
  Object Uname_S=session.getAttribute("USERNAME");
  //若此 session 对象值为空，表明没有登录，转向登录界面
  if(Uname_S==null){
    String uri=request.getRequestURI();    //取得本页面的地址
  //若部署时含项目名称 StudentPro，需判断页面地址是否以"/StudentPro"开始，同时在转向地址中
  //加上"/StudentPro"，否则用根路径。此处用绝对路径形式
    if(uri.startsWith("/StudentPro"))
        response.sendRedirect("/StudentPro/login.html");
    else
        response.sendRedirect("/login.html");
 }
%>
```

2. 使用 include 指令进行引用

在应用中，往往有些内容在多个页面间是一样的。此时，可将这些重复的代码内容形成一个共享文件，然后通过 include 指令进行引用。在 JSP 中，可通过 include 编译指令来处理，也可通过 include 动作指令来完成。在文件引用中，需注意文件存放路径，引用时要根据实际情况处理好文件路径。

如在本项目中的 centor.jsp 页面，即可通过 include 编译指令进行引用，代码如下：

```
<%@ include file="checklogin.jsp" %>
```

在项目中的 listmodule.jsp 页面中，因 listmodule.jsp 页面的路径在根目录下的 sysmodule 文件夹中，而 checkok.jsp 则在本项目的根目录下，include 编译指令的引用方法如下：

```
<%@ include file="../checkok.jsp" %>
```

除了用编译指令 include 进行页面引用外，还可以用 JSP 运作指令 include 来进行页面引用，用法如下：

```
<jsp:include page="../checkok.jsp"/>
```

注：运行时为避免与 main.jsp 文件中已有的访问控制内容冲突，要先注释或删除 main.jsp 文件中的访问控制程序。

3. 两种 include 指令的异同

（1）include 编译指令。include 编译指令可以在 JSP 程序中插入多个外部文件（如 JSP、HTML），并且可以被多次调用。

include 指令是“先包含，后编译”，在编译时主文件已经包含了相应文件的内容（即源代码）。也就是说，将被包含的文件内容复制一份到主文件中 include 所在位置，所有的变量都和主文件共享，页面设置也可以与主文件共享，最后编译生成一个 class 文件。所以在使用 include 指令时要注意主文件与被包含文件不能定义相同的变量，也就是要避免变量同名冲突。语法如下：

```
<%@ include file="relativeURL" %>
```

其中，file 属性为必要属性，作用为指定包含什么文件；relativeURL 为被包含文件的相对路径。

（2）include 动作指令。include 动作指令用于在页面请求时引入指定文件。若引入文件为 JSP 文件，则先编译该 JSP 程序，再把编译后的内容引入主文件。

include 动作是“先运行，后包含”，在运行时主文件才包含被 include 的文件的运行结果，include 动作指令会自动检查被包含文件的变化。也就是在客户端每次发出请求时都会重新把资源包含进来，进行实时的更新。语法如下：

```
<jsp:include page="relativeURL" flush="true" />
```

其中，page 属性是必需的，作用为指定包含什么文件；relativeURL 为被包含文件的相对路径，且必须为相同应用程序内的文件；属性 flush 取值为 true 或者 false，默认情况下取 false，用于设置读入被包含文件内容前是否清空缓存。

任务 5–3　使用 application 对象统计系统页面访问次数

任务目标

使用 application 对象统计系统页面访问次数

能利用内置对象 application 实现页面计数程序，掌握内置对象 application 的使用方法。

任务要求

在学生管理系统 StudentPro 项目的模块列表中增加一个计数功能，用于显示访问次数，即

“被访问了××次”。

知识准备：application 对象及其常用方法

application 对象是 JSP 的内置对象之一，它类似于全局变量。当 Web 服务器启动时，Web 服务器会自动创建一个 application 对象，而且在整个应用程序的运行过程中只有一个 application 对象。application 对象一旦创建将一直存在，直到 Web 服务器关闭。

当一个 Web 服务器下有多个 Web 应用系统时，Web 服务器启动之时会自动为每个 Web 应用系统都创建一个 application 对象，这些 application 对象各自独立，而且和 Web 应用系统一一对应。

application 常用的方法如下：

（1）public void setAttribute(String key ,Object obj)：该方法的作用是将参数 Object 指定的对象 obj 添加到 application 对象中，并为添加的对象指定一个索引关键字。如果添加的两个对象的关键字相同，则前面添加的对象内容被清除。

（2）public Object getAttribure(String key)：该方法可获取 application 对象含有的关键字是 key 的对象。因该方法返回值为 Object 类型的对象，所以用该方法获取数据时，应强制转化为与设置数据时对应的数据类型。

实施过程

（1）打开 listmodule.jsp 页面，在页面内容的“当前日期”上方添加以下代码：

```
<br>
访问次数：
<%
    //先获取 application 中关键字为 count 的对象数据
    Object count=application.getAttribute("count");
    if(count==null){
      //若 application 中关键字为 count 的对象数据为空，则说明应用程序为第一次执行，置为 1
      application.setAttribute("count", new Integer(1));
    }else{
      //若 application 中关键字为 count 的对象数据不为空，则说明应用程序已执行过，对原设置值加 1,
      //并设置对应的 application 对象
      Integer i=(Integer)count;
      application.setAttribute("count", i+1);
    }
    //获取当前 application 中关键字为 count 的对象数据，并输出
    out.println("被访问了"+application.getAttribute("count")+"次");
%>
<br>
```

（2）运行 main.jsp 页面，在页面左侧即可看到页面访问次数的统计情况，如图 5-1 所示。

关闭当前浏览器，重新开启浏览器后，可发现原有数据依然存在。但当重启 Tomcat 应用服务器后，该访问次数将会重新开始记数。

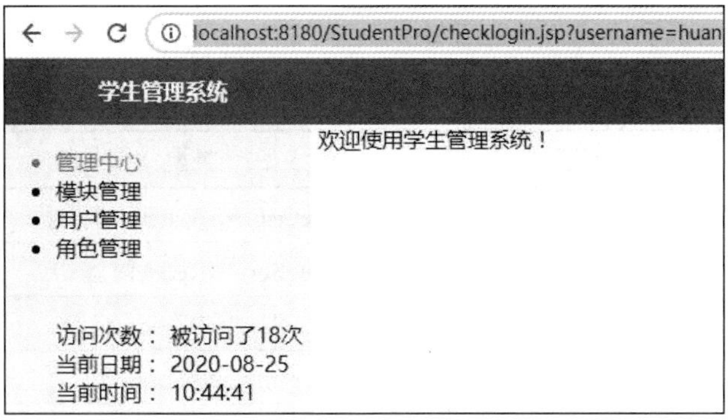

图 5-1　main.jsp 页面运行结果

知识延展：JSP 作用域及内置对象

1．JSP 的四个作用域

JSP 应用中存在四个作用域，作用域规定了相应对象的有效期限，即生命周期。它们分别为 page、request、session、application。

（1）page 作用域。page 作用域在当前 JSP 页面有效，一旦当前 JSP 页面关闭或转到其他页面，相应对象将在响应回馈给客户端后释放。也就是说，如果把变量放到 pageContext 里，就说明它的作用域是 page，它的有效范围只在当前 JSP 页面里。从把变量放到 pageContext 开始，到 JSP 页面结束，都可以使用这个变量。

（2）request 作用域。request 作用域即请求作用域，就是客户端的一次请求，在当前请求中有效。它的有效范围是当前请求周期。所谓请求周期就是指从 HTTP 请求发起，到服务器处理结束返回响应的整个过程。request 对象可以通过 setAttribute()方法实现页面中的信息传递，也可以通过 forward()方法进行页面间的跳转。在一次请求周期中，request 对象均有效，直到本次请求结束。

（3）session 作用域。session 作用域即会话作用域，当用户首次访问时，会产生一个新的会话，这个会话状态会被服务器记住，它的有效范围为当前会话。简单地说，当前会话就是指从用户打开浏览器开始，到用户关闭浏览器这期间的访问过程。在这次会话过程中可能包含多个请求响应，本次会话中的相关对象就可以在当前会话的所有请求里使用。相关对象的值可在 session 作用域中可通过 setAttribute()方法设置，通过 getAttribute()方法获取。

（4）application 作用域。application 作用域在应用程序开启后一直都有效，即在服务器开始到结束的这段时间里，application 作用域中存储的数据都是有效的。application 作用域中量值的生命周期是最长的，如果不进行手工删除，可一直使用。与其他三个作用域不同的是，application 作用域中的对象可被所有用户共用。相关对象的值可在 application 作用域中通过 setAttribute()方法设置，通过 getAttribute()方法获取。

一般情况下，这四个作用域的生命周期存在的时间长短排序为 appliaction>session>request>page。

2．再谈 JSP 内置对象

JSP 中一共预先定义了九个内置对象：out、request、response、session、application、page、 pageContext、config、exception，相关信息见表 5-1。

表 5-1 JSP 内置对象

内置对象	对象简述	类型	作用域
out	输出对象	javax.servlet.jsp.JspWriter	page
request	请求对象	javax.servlet.ServletRequest	request
response	响应对象	javax.servlet.ServletResponse	page
session	会话对象	javax.servlet.http.HttpSession	session
application	应用程序对象	javax.servlet.ServletContext	application
page	页面对象	javax.lang.Object	page
pageContext	页面上下文对象	javax.servlet.jsp.PageContext	page
config	配置对象	javax.servlet.ServletConfig	page
exception	异常对象	javax.lang.Throwable	page

out、request、response、session、application 这五个内置对象在前面章节中已重点解析，在此，将分别对 page、pageContext、config、exception 这四个内置对象作简述。

（1）page 对象。page 对象代表 JSP 本身，只有在 JSP 页面内才是合法的。page 隐含对象本质上包含当前 Servlet 接口引用的变量，类似于 Java 对象中的 this 指针。

page 对象指向当前 JSP 页面本身，它是 java.lang.Object 类的实例。page 对象代表了正在运行的由 JSP 文件产生的类对象，不建议初学者使用。page 对象的作用域为 page，其常用方法如下：

1）class getClass：返回此 Object 的类。

2）boolean equals(Object obj)：判断此 Object 是否与指定的 Object 对象相等。

3）String toString()：把此 Object 对象转换成 String 类的对象。

（2）pageContext 对象。pageContext 对象的作用是取得任何范围的参数，通过它可以获取 JSP 页面的 out、request、reponse、session、application 等对象。pageContext 对象的创建和初始化都是由容器来完成的，在 JSP 页面中可以直接使用 pageContext 对象。

pageContext 对象提供了对 JSP 页面内所有的对象及名字空间的访问，也就是说，pageContext 对象可以访问到本页面所在的会话 session，也可以取本页面所在的 application 的某一属性值，它相当于页面中所有功能的集大成者，它的本类名也叫 pageContext。pageContext 对象的作用域为 page，其常用方法如下：

1）HttpSession getSession()：返回当前页中的 HttpSession 对象（session）。

2）ServletRequest getRequest()：返回当前页的 ServletRequest 对象（request）。

3）ServletResponse getResponse()：返回当前页的 ServletResponse 对象（response）。

4）void setAttribute(String name,Object attribute)：设置属性及属性值。

5）public Object getAttribute(String name)：取属性的值。

6）void removeAttribute(String name)：删除某属性。

7）void forward(String relativeUrlPath)：使当前页面重导到另一页面。

（3）config 对象。config 对象的主要作用是取得服务器的配置信息。通过 pageConext 对象的 getServletConfig()方法可以获取一个 config 对象。开发者可以在 web.xml 文件中为应用程序环境中的 Servlet 程序和 JSP 页面提供初始化参数。当一个 Servlet 程序初始化时，容器把某些信息通过 config 对象传递给这个 Servlet 程序。

也就是说，config 对象是在一个 Servlet 程序初始化时，由 JSP 引擎向该 Servlet 传递信息用的对象。传递的信息包括 Servlet 程序初始化时所要用到的参数（通常由属性名和属性值构成）以及服务器的有关信息（通过传递一个 ServletContext 对象）。config 对象的作用域为 page，其常用方法如下：

1）ServletContext getServletContext()：返回含有服务器相关信息的 ServletContext 对象。

2）String getInitParameter(String name)：返回初始化参数的值。

3）Enumeration getInitParameterNames()：返回 Servlet 程序初始化所需的所有参数的枚举。

（4）exception 对象。

exception 对象的作用是显示异常信息，只有在包含 isErrorPage="true" 的页面中才可以被使用，在一般的 JSP 页面中使用该对象将无法编译 JSP 文件。exception 对象和 Java 的所有对象一样，都具有系统提供的继承结构，exception 对象几乎定义了所有异常情况。如果在 JSP 页面中出现没有捕获到的异常，就会生成 exception 对象，并把 exception 对象传送到在 page 指令中设定的错误页面中，然后在错误页面中处理相应的 exception 对象。

也就是说，exception 对象是一个异常对象，当一个页面在运行过程中发生了例外时，就产生这个对象。如果一个 JSP 页面要应用此对象，就必须把 isErrorPage 设为 true，否则无法编译。exception 对象实际上是 java.lang.Throwable 的对象，其作用域为 page，常用的方法如下：

1）String getMessage()：返回描述异常的消息。

2）String toString()：返回关于异常的简短描述消息。

3）void printStackTrace()：显示异常及其栈轨迹。

例如，页面 test1.jsp 内容如下，该页面在 page 编译指令中对属性 errorPage 进行了设置，指定出现异常时转向 error.jsp 页面。

```
<!--通过 errorPage 属性指定异常处理页面-->
    <%@ page contentType="text/html;charset=utf-8" language="java" errorPage="error.jsp"%>
    <!DOCTYPE html>
    <html>
    <head>
    <title>JSP 脚本异常处理机制</title>
    </head>
    <body>
    <%
      int m = 2;
      int n = m/0;
    %>
    </body>
    </html>
```

页面 error.jsp 的内容如下，其通过 page 编译指令中的属性 isErrorPage 指定本页面是异常处理页面。当其他页面出现异常时也可进行统一处理。

```
<!--通过 isErrorPage 属性指定本页面是异常处理页面-->
<%@ page contentType="text/html;charset=utf-8" language="java" isErrorPage="true"%>
<!DOCTYPE html>
<html>
<head>
<title>异常处理页面</title>
</head>
<body>
    异常类型是：<%=exception.getClass()%></br>
    异常信息是：<%=exception.getMessage()%></br>
</body>
</html>
```

拓 展 任 务

本阶段拓展任务要求

根据图书商城的需求，升级图书商城系统 BookShopping，为各页面增加访问控制功能，并统计页面访问次数。

拓展任务实施参考步骤

（1）在登录验证文件 checkLoginM.jsp 中添加如下语句：

```
session.setAttribute("userNm", user);
//放于“String user=(String)request.getParameter("userName");”语句后
```

将从前端获取的用户名保存到会话变量 userNm 中，将文件 backMglist.jsp 中的“欢迎<%=request.getParameter("user") %>登录！”修改为“欢迎<%=session.getAttribute("userNm") %>登录！”，并从前端 loginBS.html 运行它。输入用户名（admin）、密码（123456），显示如图 5-2 所示的效果。

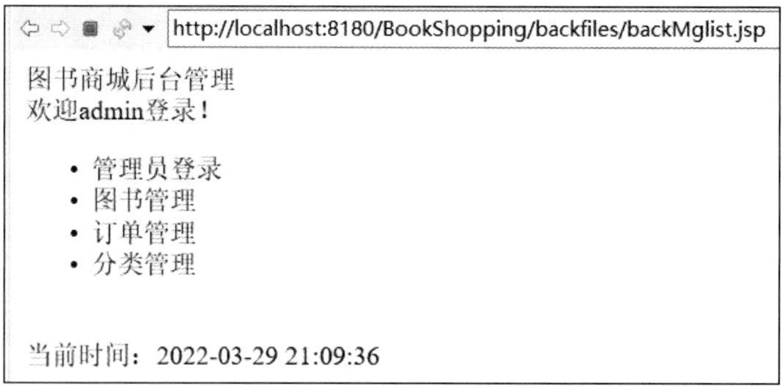

http://localhost:8180/BookShopping/backfiles/backMglist.jsp

图书商城后台管理
欢迎admin登录！

- 管理员登录
- 图书管理
- 订单管理
- 分类管理

当前时间：2022-03-29 21:09:36

图 5-2　backMglist 页面效果

（2）试着为各页面增加访问控制功能，并显示访问用户名。

（3）打开 backMglist.jsp 文件，在页面内容的“当前时间”上方显示访问次数，效果如图 5-3 所示。

图 5-3　添加访问控制功能后 backMglist.jsp 页面效果

统计访问次数的关键代码：

```
<%
    Object count=application.getAttribute("count");
    if(count==null){
      application.setAttribute("count", 1);
    }else{
      int i=(Integer)count;
      application.setAttribute("count", i+1);
    }
    out.print(application.getAttribute("count")+"次");
%>
<br>
```

说明：因文件中有动态刷新代码，所以访问次数会自动增加，关闭服务器后将从 1 开始重新计数。

课 后 习 题

（1）什么是会话？在访问控制中会话起什么作用？

（2）JSP 编译指令 include 与 JSP 动作指令 include 有何异同？

（3）JSP 有哪些内置对象？各内置对象的主要作用是什么？

（4）JSP 中的作用域分哪几种？JSP 各内置对象的作用域是什么？

（5）接续上一项目中的课后习题（4），编写一个 JSP 程序，使之能正确访问 MySQL 数据库，并实现会员登录。主要包括以下内容：

完善 check.jsp、main.jsp 页面程序，使之能实现以下要求：若会员没有登录成功，则不允许直接访问 main.jsp 页面；若会员已成功登录，则在 main.jsp 中显示“×××会员，您好！欢迎使用会员管理系统”（×××代表某一会员名字）。

第二单元

使用 MVC 升级学生管理系统

项目六　使用 Servlet 处理请求与会话跟踪

学习目标：

- 能正确编写 Servlet 程序。
- 能正确使用 HttpSession 编写会话程序。
- 理解 Servlet 生命周期。

重难点：

- 重点：掌握 Servlet 的创建、配置和部署方法。
- 难点：学会使用 Servlet 进行请求响应和会话跟踪。

思政元素：

- 开拓进取、不懈奋斗。

引导资料：Servlet 简介

Servlet 是基于 Java 的 Web 组件，其最常见的用途是扩展 Java Web 服务器功能，提供安全的、可移植的、易于使用的外部应用程序与 Web 服务器之间的接口标准。Servlet 对象运行在 Web 服务器或应用服务器上，对来自客户端的请求进行处理并作出响应。一个 Servlet 程序是由包含 Java 虚拟机的 Web 服务器加载运行的，并不需要程序员自行实例化。Servlet 的大致工作过程：客户端发送请求至服务器；服务器启动并调用 Servlet，Servlet 根据客户端请求生成响应内容并将其传给服务器；服务器将响应返回客户端，如图 6-1 所示。

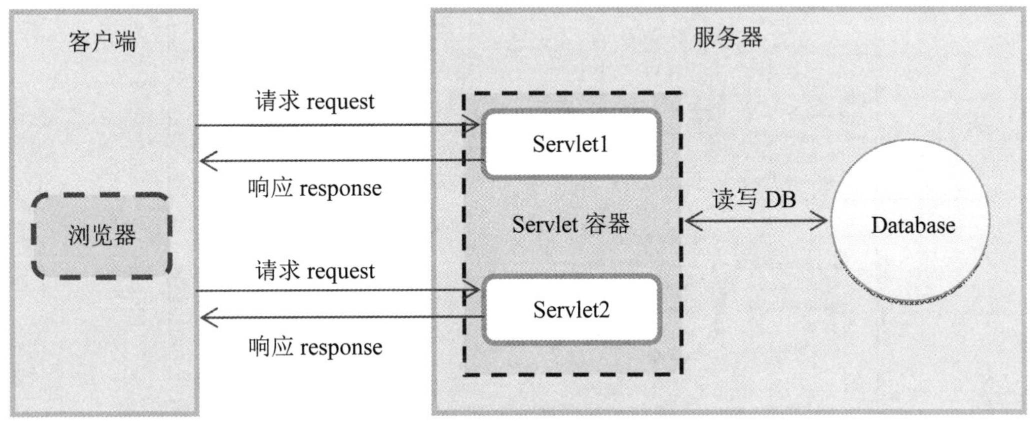

图 6-1　Servlet 工作过程

在编写 Servlet 时，需要实现 Servlet 接口，并遵行 Servlet 接口规范进行操作。Java Servlet API 是 Servlet 容器（如 Tomcat）和 Servlet 之间的接口，它定义了 Servlet 的各种方法，还定义了 Servlet 容器传送给 Servlet 的对象类，其中最重要的就是 ServletRequest 和 ServletResponse。

任务 6-1 创建与运行用户信息 Servlet 程序

创建与运行用户信息 Servlet 程序

任务目标

能利用 Eclipse 创建 Servlet 程序，并能正确配置与部署 Servlet 程序，掌握 Servlet 的使用方法。

任务要求

在学生管理系统 StudentPro 项目中创建一个用户信息 Servlet 程序，该程序需要实现 Servlet 接口，并遵循 Servlet 接口规范进行操作。

知识准备：Servlet 处理客户端提交请求

客户端提交请求主要有 get、post 两种常用方法。该如何使 Servlet 程序有效识别并配对上相关请求呢？在 UserServlet 类中，可发现有两个需要实现的接口方法，分别是 doGet()和 doPost()方法，这两个方法就是用于接收客户端请求的处理方法。doGet()方法用于处理 get 请求，doPost()方法用于处理 post 请求。在实际应用中，一般只需要编写 Servlet 程序中 doGet()和 doPost()方法中的一个方法即可，同时其中一个方法会调用另一个方法，以保证无论客户端使用什么方法提交请求，程序都能给出一致的响应。

实施过程

（1）在 StudentPro 项目中新建一个包 com.huang.servlet。

（2）在 com.huang.servlet 包上右击，选择 New→Servlet 选项，如图 6-2 所示。

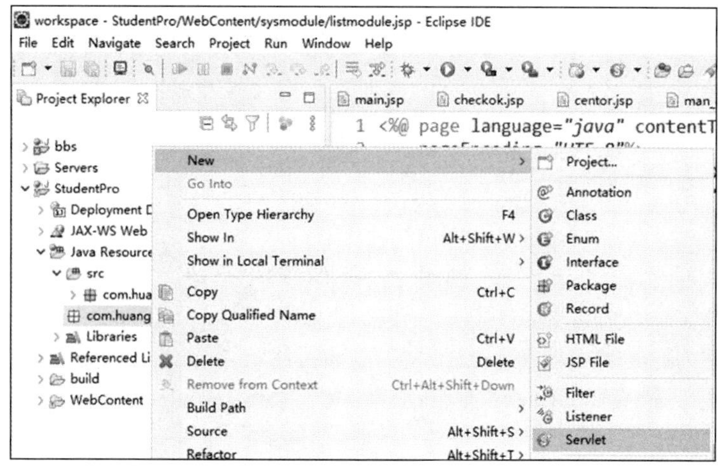

图 6-2 Servlet 选项

（3）在出现的 Create Servlet 窗口中的 Class name 文本框内输入类名 UserServlet，如图 6-3 所示。

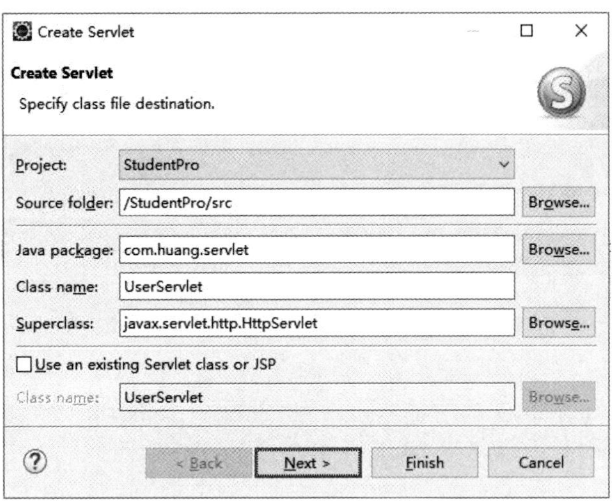

图 6-3　Create Servlet 窗口

（4）在 Create Servlet 窗口中单击 Next 按钮，进入下一个设置窗口，如图 6-4 所示。若需要配置参数则可在此增加初始化参数，若需要更新 URL mappings（URL 映射，用于访问 Servlet）也可在这个配置页中设定。本任务中，选择默认情况，单击 Finish 按钮即可完成 Servlet 的创建。创建的 UserServlet 类的代码如下：

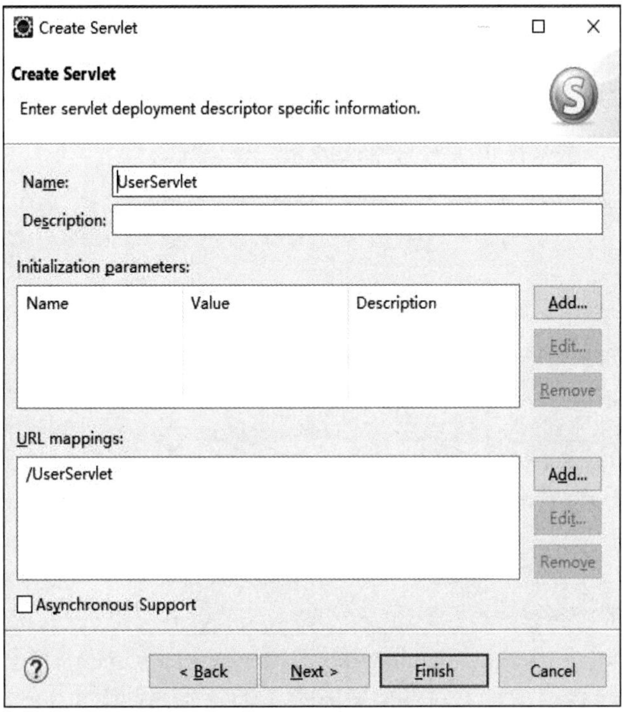

图 6-4　Create Servlet 的配置窗口

```
public class UserServlet extends HttpServlet {
    private static final long serialVersionUID = 1L;
    public UserServlet() {
        super();
    }
    protected void doGet(HttpServletRequest request, HttpServletResponse response)
            throws ServletException, IOException {
...
}
    protected void doPost(HttpServletRequest request, HttpServletResponse response)
            throws ServletException, IOException {
            doGet(request, response);
    }
}
```

（5）运行 Tomcat，在浏览器中输入访问地址http://localhost:8180/StudentPro/UserServlet，即可访问刚建立的 Servlet（UserServlet）。运行结果如图 6-5 所示。

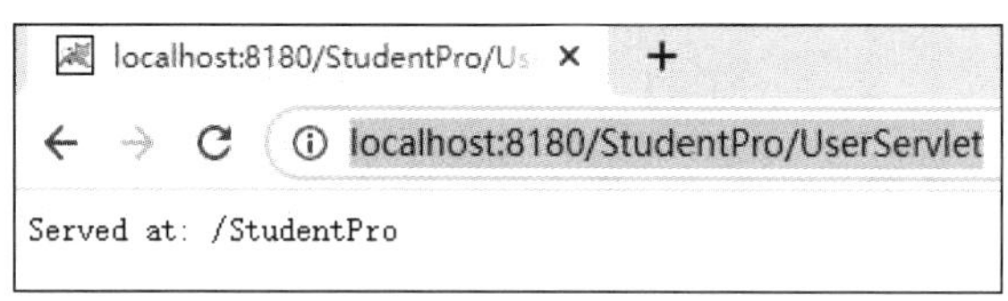

图 6-5　UserServlet 运行结果

知识解析：Servlet 配置与部署

Servlet 程序是由包含 Java 虚拟机的 Web 服务器来加载运行的，并不需要程序员自行实例化。那么 Web 服务器如何识别到 Servlet 程序呢？访问 Servlet 的 URL 又如何定义呢？目前，根据 Servlet 版本不同，主要提供了两种解决方案。

在 Servlet 3.0 版本以前，需在 Web.xml 中配置 Servlet 的映射名字等信息才能正确访问对应的 Servlet，且每一个需访问的 Servlet 都要进行配置。基本配置如下：

```
<servlet>
    <servlet-name>UserServlet</servlet-name>
    <servlet-class>com.huang.servlet.UserServlet</servlet-class>
</servlet>
<servlet-mapping>
    <servlet-name>UserServlet</servlet-name>
    <url-pattern>/UserServlet</url-pattern>
</servlet-mapping>
```

其中，<servlet>标签下的<servlet-name>标签内容为定义 Servlet 名字，可以理解为新建一个名字为 UserServlet 的 Servlet 对象。<servlet>标签下的<servlet-class>标签内容说明产生该 Servlet 对象对应的 Servlet 类是哪个。<servlet-mapping>标签下的<servlet-name>标签内容要与<servlet>标签下的<servlet-name>标签内容一致，与外部访问的 URL 一一映射。<servlet-mapping>标签下的<url-pattern>标签内容指定外部访问名为 UserServlet 实例所使用的 URL。

在 Servlet 3.0 版本以后，可以使用标注（Annotation）来告知 Web 容器中哪些 Servlet 能提供服务，只要在 Servlet 类中设置@WebServlet 标注，容器就会自动读取其中的信息，这种方式大大简化了 Servlet 的编写配置工作。如本任务中，在定义 Servlet 类 UserServlet 的代码前面增加了如下标注：

```
@WebServlet("/UserServlet")
```

此处的@WebServlet 告诉 Web 容器，如果请求的 URL 是“/UserServlet”，则由 UserServlet 类的实例提供服务。

当然，@WebServlet 标注能提供许多信息，这些信息也可在 web.xml 文件中进行配置。但要注意：使用标注声明 Servlet 相关信息后，不需要在 Web.xml 中再次声明 Servlet 的相关信息了。例如：

```
@WebServlet(
    name="UserServlet",
    urlPatterns={"/UserServlet"},
    loadOnStartup=1
)
```

其中，@WebServlet 中的 name 属性指定 UserServlet 类的实例名称是 UserServlet，urlPatterns 属性指定了客户端请求的 URL 是“/UserServlet”，而如果客户端请求的 URL 是“/UserServlet”，则由实例名为 UserServlet 的对象来处理。在 Java Web 应用程序中使用标注时，若标注中属性没有设置相应值，则通常会有默认值。例如，若没有设置@WebServlet 的 name 属性，默认值会是 Servlet 类的完整名称。

当应用服务器启动后，其并不直接创建应用程序中的所有 Servlet 实例，只有当首次请求某个 Servlet 提供服务时，Web 容器才会将对应的 Servlet 类进行实例化、初始化，然后再处理这次请求。也就是说，第一次请求该 Servlet 的客户端必须等待 Servlet 类实例化、初始化完成后，才真正开始对本次请求的数据进行处理。由此，某一个 Servlet 首次被请求服务时需要更长的执行时间。

然而，有没有办法在应用服务器启动时就将 Servlet 类载入并完成实例化、初始化呢？答案是肯定的，即可通过设置属性 loadOnStartup 来达到目的。属性 loadOnStartup 的默认值为-1，若其值大于 0，表示启动应用程序后就要初始化该 Servlet 类。属性 loadOnStartup 的值代表了 Servlet 的初始顺序，Web 容器对较小数字的 Servlet 先执行初始化，如果有多个 Servlet 类的属性 loadOnStartup 设置了相同的数字，则由 Web 容器实现厂商根据自行规则决定哪个 Servlet 先载入。

表 6-1 是@WebServlet 的属性列表。

表 6-1　@WebServlet 的属性列表

属性名	类型	注解描述
name	String	指定 Servlet 的 name 属性，等价于<servlet-name>。如果没有显式指定，则该 Servlet 的取值为类的全名
value	String[]	该属性等价于 urlPatterns 属性，两个属性不能同时使用
urlPatterns	String[]	指定一组 Servlet 的 URL 匹配模式，等价于<url-pattern>标签
loadOnStartup	int	指定 Servlet 的加载顺序，等价于<load-on-startup>标签

续表

属性名	类型	注解描述
initParams	WebInitParam[]	指定一组 Servlet 初始化参数，等价于<init-param>标签
asyncSupported	boolean	声明 Servlet 是否支持异步操作模式，等价于<async-supported> 标签
description	String	该 Servlet 的描述信息，等价于<description>标签
displayName	String	该 Servlet 的显示名，通常配合工具使用，等价于<display-name>标签

另外，Servlet 3.0 版本以后，web.xml 部署描述文件的顶层标签<web-app>有一个 metadata-complete 属性。如果该属性设置为 true，则 Web 容器在部署时将只以部署描述文件为准，忽略所有的标注；如果不配置该属性或者将其设置为 false，则表示启用标注支持。

任务 6-2　使用 Servlet 设计用户信息管理模块

任务目标

能利用 Servlet 接口处理请求与响应。

任务要求

完成学生管理系统 StudentPro 项目中用户信息管理功能。在上一任务（创建与运行用户信息 Servlet 程序）中，创建一个名为 UserServlet 的 Servlet 类。现在，需在该 Servlet 类基础上完成用户信息的增加、删除、修改及查询操作。页面数据展示方式暂不要求。

知识准备：Servlet 常用 API

1. HttpServletRequest 接口

在 Servlet API 中，定义了一个 HttpServletRequest 类，用于获取及携带客户端的请求信息。当客户端通过 HTTP 协议访问服务器时，HTTP 请求头中的所有信息都封装在这个 HttpServletRequest 类产生的 request 对象中。通过这个对象提供的方法，可以获得客户端请求的所有信息。相关方法如表 6-2 所示。

表 6-2　HttpServletRequest 接口

方法声明	功能描述
getMethod()	获取 HTTP 请求方式，如 get、post 等
getRequestURL()	返回客户端发出请求时的完整 URL
getRequestURI()	返回请求行中的参数部分
getQueryString ()	返回请求行中的参数部分（参数名+值）
getRemoteHost()	返回发出请求的客户机的完整主机名
getRemoteAddr()	返回发出请求的客户机的 IP 地址
getContextPath()	获取 URL 请求中 Web 应用程序路径，以“/”开头

续表

方法声明	功能描述
getParameter(String name)	根据 name 获取请求参数（常用）
getParameterValues(String name)	根据 name 获取请求参数列表（常用）
getParameterMap()	返回的是一个 Map 类型的值，该返回值记录着前端
getRequestDispatcher(String path)	返回一个 RequestDispatcher 对象，调用这个对象的 forward()方法可以实现请求转发
setAttribute(String name,Object o)	将数据作为 request 对象的一个属性存放到 request 对象中
getAttribute(String name)	获取 request 对象的 name 属性的值
removeAttribute(String name)	移除 request 对象的 name 属性
getAttributeNames	获取 request 对象的所有属性名，返回的是一个数组

下面通过一个例子来学习相关方法获取的返回值。首先创建一个 Servlet 程序，修改 Servlet 程序的 doGet()方法，内容如下：

```
    protected void doGet(HttpServletRequest request, HttpServletResponse response) throws ServletException,
IOException {
      //设置返回客户端的 contentType
            response.setContentType("text/html;charset=utf-8");
            PrintWriter out = response.getWriter();
            //设置请求参数编码
            request.setCharacterEncoding("utf-8");

            //获取请求行的相关信息
            out.println("HttpServletRequest 对象获取请求信息方法示例：<br>");
            out.println("getMethod : " + request.getMethod() + "<br>");
            out.println("getRequestURI : " + request.getRequestURI() + "<br>");
            out.println("getRequestURL : " + request.getRequestURL() + "<br>");
            out.println("getQueryString:" + request.getQueryString() + "<br>");
            out.println("getProtocol : " + request.getProtocol() + "<br>");
            out.println("getContextPath:" + request.getContextPath() + "<br>");
            out.println("getServletPath : " + request.getServletPath() + "<br>");
            out.println("getRemoteAddr : " + request.getRemoteAddr() + "<br>");
            out.println("getRemoteHost : " + request.getRemoteHost() + "<br>");
            out.println("getRemotePort : " + request.getRemotePort() + "<br>");
            out.println("getLocalAddr : " + request.getLocalAddr() + "<br>");
            out.println("getLocalName : " + request.getLocalName() + "<br>");
            out.println("getLocalPort : " + request.getLocalPort() + "<br>");
            out.println("getServerName : " + request.getServerName() + "<br>");
            out.println("getServerPort : " + request.getServerPort() + "<br>");
            out.println("getScheme : " + request.getScheme() + "<br>");

            Enumeration headerNames = request.getHeaderNames();
            //使用循环遍历所有请求头，并通过 getHeader()方法获取一个指定名称的头字段
```

```
            while (headerNames.hasMoreElements()) {
                String headerName = (String) headerNames.nextElement();
                out.print(headerName + " : " + request.getHeader(headerName) + "<br>");
            }
            String name = request.getParameter("name");
            out.println("getParameter: " + name + "<br>");
        }
```

在浏览器上输入 URL（http://localhost:8180/StudentPro/RequestTest?name=helloweb）的运行结果，如图 6-6 所示。

图 6-6 RequestTest 案例运行结果

2. HttpServletResponse 接口

在 Servlet API 中，定义了一个 HttpServletResponse 类，该类生成的 response 对象代表服务器的响应，该对象中封装了向客户端发送数据、发送响应头、发送响应状态码的方法。常用方法见表 6-3。

表 6-3 HttpServletResponse 接口

方法声明	功能描述
getOutputStream()	该方法用于返回 Servlet 引擎创建的字节输出流对象，类型为 ServletOutputStream，getOutputStream()直接输出字节数组中的二进制数据，即可以按字节形式输出响应正文
getWriter()	该方法用于返回 Servlet 引擎创建的字符输出流对象，类型为 PrintWriter，PrintWriter 对象只能输出字符文本数据，即可以按字符形式输出响应正文。getOutputStream()和 getWriter()这两个方法互相排斥，调用了其中任何一个方法后，就不能再调用另一个方法

续表

方法声明	功能描述
setHeader(String name,String value)	该方法是设置只有一个值的响应头，参数 name 表示响应头名称，参数 value 表示响应头的值
setStatus(int value)	该方法是设置临时定向响应码
SC_NOT_FOUND	状态码 404 对应的常量
SC_OK	状态码 200 对应的常量
SC_INIERNAL_SERVER_ERROR	状态码 500 对应的常量

下面通过几个简单示例来学习 HttpServletResponse 类相关方法的使用。

示例 1：定时刷新页面。

```
response.setHeader("refresh", "5");   //设置 refresh 响应头控制浏览器每隔 5 秒刷新一次
```

示例 2：使用 OutputStream 输出流输出数据。

```
//设置 Content-Type 响应头，编码格式为 UTF-8
response.setHeader("Content-Type","text/html;charset=utf-8");
String data = "输出的内容";
//获取 OutputStream 输出流
OutputStream os=response.getOutputStream();
//将字符转换成字节数组，指定以 UTF-8 编码进行转换
byte[] dataByteArr = data.getBytes("UTF-8");
//使用 OutputStream 流向客户端输出字节数组
os.write(dataByteArr);
```

示例 3：使用 PrintWriter 输出流输出数据。

```
//设置编码格式为 UTF-8
response.setCharacterEncoding("UTF-8");
//通过设置响应头控制浏览器以 UTF-8 编码显示数据，如果不加这行代码，那么浏览器将显示乱码
response.setHeader("content-type", "text/html;charset=UTF-8");
String data = "输出的内容";
//获取 PrintWriter 输出流
PrintWriter out=response.getWriter();
//使用 PrintWriter 流向客户端输出字符
out.write(data);
```

3. ServletContext 接口

ServletContext 接口定义了运行 Servlet 的 Web 应用的 Servlet 视图。容器供应商负责提供 Servlet 容器内 ServletContext 接口的实现。Web 容器在启动时，ServletContext 会为每个 Web 应用程序创建一个对应的 ServletContext，它代表当前 Web 应用（this），是一个全局的存储信息的空间，并且被所有客户端共享。当 Web 应用服务关闭或者 Web 应用 reload 的时候，ServletContext 对象会被销毁。使用 ServletContext 对象可记录事件日志，获取资源的 URL 地址，并且设置和保存上下文内可以访问的其他 Servlet 属性。常用方法见表 6-4。

表 6-4　ServletContext 接口

方法声明	功能描述
void setAttribute(String var1, Object var2)	存储数据
void removeAttribute(String var1)	移除数据
Object getAttribute(String var1)	获取数据
String getRealPath()	获取文件的真实路径
getResourceAsStream(String path)	获取项目下的指定资源，返回文件流
getRequestDispatcher(String path)	返回一个 RequestDispatcher 对象，通过该对象的 forward()方法可以实现请求转发
String getMimeType(String file)	获取 MIME 类型

下面通过几个示例来说明相关方法的使用过程。

示例 1：假设 Web 根目录下有一个数据库访问的配置文件 db.properties，里面配置了 URL 和 userName 属性。现需写一程序读取该资源文件信息。

```
//当读取路径 Web 应用的根目录时，可利用 ServletContext 对象获取资源文件
InputStream ins = this.getServletContext().getResourceAsStream("db.properties");
//创建属性对象
Properties ps = new Properties();
ps.load(ins);
String url = ps.getProperty("URL");
String uname = ps.getProperty("userName");
```

示例 2：若 WebRoot 文件夹下有一个 img 子文件夹，其中存放有一张 mypic.jpg 图片，则可通过以下语句来读取一个文件的全路径。

```
String path = this.getServletContext().getRealPath("/img/mypic.jpg");
```

示例 3：通过 ServletContext 的 getRequestDispatcher(String path)方法将请求转发到 test.jsp 页面。

```
RequestDispatcher reqDispatcher =this.getServletContext().getRequestDispatcher("/test.jsp");
reqDispatcher.forward(request, response);
```

实施过程

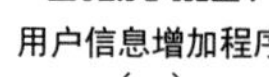

用户信息增加程序（一）

用户信息增加程序（二）

1. 用户信息增加程序

前面已讲解 UserServlet 类的创建与配置，接下来将利用 UserServlet 类的 doGet()方法来完成用户信息的增加功能，doPost()方法则直接调用 doGet()方法。

（1）先导入以下类库（可在编写程序时利用 Eclipse 的提示功能导入）。

```
import java.io.PrintWriter;
import java.sql.Connection;
import java.sql.PreparedStatement;
import java.sql.ResultSet;
import java.sql.SQLException;
```

（2）修改 doGet()方法，内容如下：

```
PrintWriter out=response.getWriter();
request.setCharacterEncoding("utf-8");
String rid="1";                //暂时不获取，目前给数据库角色表存在的 id 即可
String uname="admin";          //暂时给 admin
String upwd="admin";           //暂时给 admin
String sql="insert into t_user(username,userpassword,roleid) values(?,?,?)";
//创建 DbConn 对象
DbConn dbconn=new DbConn();
//获取数据库连接对象
Connection conn=dbconn.getConn();
PreparedStatement pstmt=null;
ResultSet rs=null;
try {
    //预处理声明，并要求回馈自动增长的关键字 userid 的值
    pstmt = conn.prepareStatement(sql, PreparedStatement.RETURN_GENERATED_KEYS);
    pstmt.setString(1, uname);
    pstmt.setString(2, upwd);
    pstmt.setInt(3, Integer.parseInt(rid));
    //执行更新
    pstmt.executeUpdate();
    //获取自动增长的关键字 userid 的值
    rs = pstmt.getGeneratedKeys();
     if (rs.next()) {
     //取得返回的 userid 值
          Long id = rs.getLong(1);
          out.println("刚增加的 userId 为"+id);
          out.println("<br>");
          out.println("刚增加的 userName 为"+uname);
     }
} catch (SQLException e) {
    e.printStackTrace();
}finally {
   dbconn.CloseResultSet(rs);                 //关闭结果集
   dbconn.ClosePreparedStatement(pstmt);      //关闭声明
   dbconn.CloseConnection();                  //关闭连接
}
```

（3）运行 Tomcat，在浏览器中输入网址 http://localhost:8180/StudentPro/UserServlet，结果如图 6-7 所示。

图 6-7　UserServlet 运行乱码

结果图中出现了输出乱码，根据前面项目的介绍，响应输出乱码需在输出对象定义前加上设置响应编码的语句，如下：

```
response.setContentType("text/html; charset=utf-8");
```

注：此代码务必放于“PrintWriter out=response.getWriter();”之前。通常，设置响应编码的语句放置于 doGet()和 doPost()方法的开始位置。修改后的程序运行结果如图 6-8 所示。

图 6-8 UserServlet 运行结果

从图中可以看出已成功将数据加入用户表中，并回馈当前加入的 userId 的值。在应用中，可在获取 PreparedStatement 对象时，通过传入参数 PreparedStatement.RETURN_GENERATED_KEYS 来通知数据库要回馈新增记录的关键字值（该关键字务必设计为自动增长），然后通过 getGeneratedKeys()方法来获取新增的关键字值。

（4）在 StudentPro 项目中的 WebContent 文件夹下新建一个子文件夹 sysuser。然后在 sysuser 文件夹中新建一个名为 addUser.jsp 的页面。页面内容如下：

```
<%@ page language="java" contentType="text/html; charset=UTF-8"
pageEncoding="UTF-8"%>
<%@ page import="java.sql.PreparedStatement"%>
<%@ page import="java.sql.ResultSet"%>
<%@ page import="com.huang.db.*"%>
<!DOCTYPE html>
<html>
<head>
<meta charset="UTF-8">
<title>增加用户</title>
<script type="text/javascript">
    function checkUserName() {
        if (form1.username.value == null || form1.username.value == "") {
            alert("用户名信息不能为空，请输入！");
            return false;
        } else if (form1.userpassword.value == null
                || form1.userpassword.value == "") {
            alert("用户密码不能为空，请输入！");
            return false;
        } else if (form1.userpassword.value!=form1.repwd.value) {
            alert("两次密码务必一样！");
            return false;
        } else
            return true;
    }
</script>
```

```
<body>
<!-- 注意 action 属性值为../UserServlet，当前为相对路径 -->
    <form name="form1" method="post" action="../UserServlet">
        用户名称：<input type="text" name="username" /></br>
        用户密码：<input type="password" name="userpassword" /></br>
        确认密码：<input type="password" name="repwd" /></br>
        用户角色：<select name="roleid">
         <%
            String sql = "select * from t_role";
            //创建数据库连接
            DbConn dbconn = new DbConn();
            //获取声明 PreparedStatement
            PreparedStatement pstmt = dbconn.getPreparedStatement(sql);
            //得到所有的模块数据
            ResultSet rs = pstmt.executeQuery();
            //循环读取数据库记录
            while (rs.next()) {
            %>
            <option value="<%=rs.getInt(1)%>"><%=rs.getString(2)%>
            </option>
            <%
                }
            dbconn.ClosePreparedStatement(pstmt);     //关闭声明
            dbconn.CloseConnection();                  //关闭连接
            %>
        </select> </br> <input type="submit" value="确定" onclick="return checkUserName()" />
    </form>
</body>
</html>
```

（5）对 doGet()方法进行一些修改（可将原 doGet()方法中的程序源码放于其他自建的方法中），内容如下：

```
response.setContentType("text/html; charset=utf-8");
    PrintWriter out=response.getWriter();
    request.setCharacterEncoding("utf-8");
    String rid=request.getParameter("roleid");
    String uname=request.getParameter("username");
    String upwd=request.getParameter("userpassword");
    String sql="insert into t_user(username,userpassword,roleid) values(?,?,?)";
    //创建 DbConn 对象
    DbConn dbconn=new DbConn();
    PreparedStatement pstmt=null;
    try {
        //获取数据库连接对象并产生预声明
        pstmt=dbconn.getPreparedStatement(sql);
        pstmt.setString(1, uname);
        pstmt.setString(2, upwd);
```

```
            pstmt.setInt(3, Integer.parseInt(rid));
            //执行更新
            if (pstmt.executeUpdate()>0) {
                //取得返回的 userid 值
                out.println("<script>alert('增加成功！ ');</script>");
                out.println("<a href='man_module.jsp'>转向管理页面</a>");
                out.println("<a href='add_module.jsp'>转向增加页面</a>");
            } else {
                out.println("<script>alert('增加失败！ ')</script>");
            }
        } catch (SQLException e) {
            //TODO Auto-generated catch block
            e.printStackTrace();
        }finally {
          dbconn.ClosePreparedStatement(pstmt);
          dbconn.CloseConnection();
        }
```

（6）重启 Tomcat，在浏览器中运行 addUser.jsp 页面，结果如图 6-9 所示。

增加用户
localhost:8180/StudentPro/sysuser/addUser.jsp
用户名称：
用户密码：
确认密码：
用户角色：管理员
确定

图 6-9　addUser.jsp 页面

（7）在 addUser.jsp 页面中输入符合要求的用户信息后，提交即可完成用户信息的增加工作。提交成功后的页面效果如图 6-10 所示。

图 6-10　addUser.jsp 提交成功后的页面效果

注：将当前 addUser.jsp 页面中的提交方法改为 get，效果也是一样的。

2. 用户信息查询程序

用户信息查询程序

本子任务将查询所有用户的信息，并展示在 JSP 页面上。具体步骤如下：

（1）在 com.huang.servlet 包中新建一个名为 SelUserServlet 的 Servlet 类。

（2）修改 SelUserServlet 类中的 doGet()方法，内容如下：

```
response.setContentType("text/html; charset=utf-8");    //响应数据编码设定
request.setCharacterEncoding("utf-8");    //请求数据编码设定
```

```
//关联角色表，以便能将角色名称取出
String sql="select userid,t_user.roleid,username,userpassword,rolename from t_user,t_role where
            t_user.roleid=t_role.roleid";
DbConn dbconn=new DbConn();
PreparedStatement pstmt=null;
ResultSet rs=null;
try {
    //获取数据库连接对象并产生预声明
    pstmt=dbconn.getPreparedStatement(sql);
    rs=pstmt.executeQuery();
    //声明数组列表，用于转存查询好的数据库数据，以便可提前关闭数据库连接，不再需要在 JSP
    //页面操作 ResultSet
    List<Object> list=new ArrayList<Object>();
    while(rs.next()) {
        Object[] obj=new Object[5];
        obj[0]=rs.getInt(1);        //userid
        obj[1]=rs.getInt(2);        //roleid
        obj[2]=rs.getString(3);     //username
        obj[3]=rs.getString(4);     //userpassword
        obj[4]=rs.getString(5);     //rolename
        list.add(obj);              //将每一行数据都加入列表中
    }
    //将获取的数据列表传给关键字为 USERS 的 request 对象
    request.setAttribute("USERS", list);
    //将 request 对象传递给 man_user.jsp 页面，即转发请求，在 man_user.jsp 页面可获取当前 request 对象
request.getRequestDispatcher("/sysuser/man_user.jsp").forward(request, response);
} catch (SQLException e) {
    e.printStackTrace();
}finally {
    dbconn.CloseResultSet(rs);      //关闭结果集
    dbconn.ClosePreparedStatement(pstmt);//关闭声明
    dbconn.CloseConnection();       //关闭连接
}
```

（3）在 WebContent 中的 sysuser 文件夹下，新建一个名为 man_user.jsp 的 JSP 页面。修改其页面内容如下：

```
<%@ page language="java" contentType="text/html; charset=UTF-8"
pageEncoding="UTF-8"%>
<%@ page import="java.util.*"%>
<!DOCTYPE html>
<html>
<head>
<meta charset="UTF-8">
<title>用户模块</title>
<link rel="stylesheet" href="css/mytable.css" type="text/css">
</head>
```

```
<body>

    <div style="text-align: left; padding-left:10%">
            <a href="sysuser/add_user.jsp">增加用户</a>
    </div>
    <div style="text-align: center;">

        <table>
            <tr height="40px">
                <td width="20%">用户 ID</td>
                <td width="30%">用户名称</td>
                <td width="30%">角色名称</td>
                <td>操作</td>
            </tr>
    <%
    List userlist=(List)request.getAttribute("USERS");
    System.out.println(userlist);
    //循环读取数据库记录
    if(userlist!=null){
    for(int i=0;i<userlist.size();i++){
        Object[] obj=(Object[])userlist.get(i);
  %>
        <tr height="40px">
            <td width="20%"><%=obj[0] %></td>
            <td width="30%"><%=obj[2] %></td>
            <td width="30%"><%=obj[4] %></td>
            <td><a href="ToModUserServlet?userid=<%=obj[0] %>&roleid=<%=obj[1] %>">修改
</a>    <!--   为空格-->
            <a href="DelUserServlet?userid=<%=obj[0] %>">删除</a></td>
        </tr>
    <%
    }
    }else{
        request.getRequestDispatcher("/SelUserServlet").forward(request, response);
    }
    %>
        </table>
    </div>
</body>
</html>
```

（4）启动 Tomcat，在浏览器中运行 main.jsp。选择用户管理模块，即可运行 man_user.jsp，结果如图 6-11 所示。

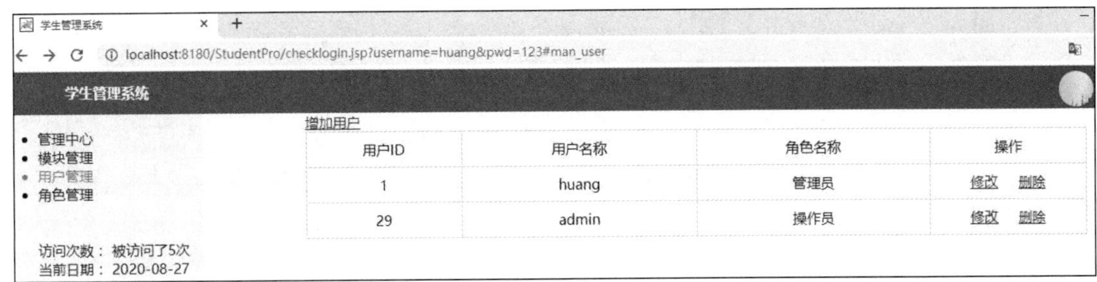

图 6-11　man_user.jsp 运行结果

3. 用户信息修改程序

完成某一用户信息的修改操作，为提高代码复用性，将实现修改用户操作与增加用户操作共享一个方法。

（1）在 com.huang.servlet 包中，新建一个名为 ToModUserServlet 的 Servlet 类。

（2）修改 ToModUserServlet 类中的 doGet()方法，该程序主要用于完成查询某一用户信息，并回显在修改页面上，内容如下：

```
response.setContentType("text/html; charset=utf-8");      //响应数据编码设定
request.setCharacterEncoding("utf-8");                     //请求数据编码设定
String userid=request.getParameter("userid");
String sql="select userid,roleid,username,userpassword from t_user where userid=?";
DbConn dbconn=new DbConn();
PreparedStatement pstmt=null;
ResultSet rs=null;
try {
    //获取数据库连接对象并产生预声明
    pstmt=dbconn.getPreparedStatement(sql);
    pstmt.setInt(1, Integer.parseInt(userid));
    rs=pstmt.executeQuery();
    //声明数组，用于转存查询好的数据库数据，以便可提前关闭数据库连接，不再需要在 JSP 页面
    //操作 ResultSet
    Object[] obj=new Object[4];
    while(rs.next()) {
        obj[0]=rs.getInt(1);      //userid
        obj[1]=rs.getInt(2);      //roleid
        obj[2]=rs.getString(3);   //username
        obj[3]=rs.getString(4);   //userpassword
    }
    //将获取的数据传给关键字为 U_INFO 的 request 对象
    request.setAttribute("U_INFO", obj);
    //将 request 对象传递给 mod_user.jsp 页面，即转发请求，在 mod_user.jsp 页面可获取当前 request 对象
    request.getRequestDispatcher("/sysuser/mod_user.jsp").forward(request, response);
} catch (SQLException e) {
    e.printStackTrace();
}finally {
```

```
        dbconn.CloseResultSet(rs);                  //关闭结果集
    dbconn.ClosePreparedStatement(pstmt);      //关闭声明
    dbconn.CloseConnection();                  //关闭连接
}
```

（3）在 WebContent 中的 sysuser 文件夹下，新建一个名为 mod_user.jsp 的 JSP 页面。修改其页面内容如下：

```
<%@ page language="java" contentType="text/html; charset=UTF-8"
pageEncoding="UTF-8"%>
<%@ page import="java.sql.PreparedStatement"%>
<%@ page import="java.sql.ResultSet"%>
<%@ page import="com.huang.db.*"%>
<!DOCTYPE html>
<html>
<head>
<meta charset="UTF-8">
<title>修改用户</title>
<script type="text/javascript">
function checkUserName() {
    if (form1.username.value == null || form1.username.value == "") {
        alert("用户名信息不能为空，请输入！");
        return false;
    } else if (form1.userpassword.value == null
            || form1.userpassword.value == "") {
        alert("用户密码不能为空，请输入！");
        return false;
    } else if (form1.userpassword.value != form1.repwd.value) {
        alert("两次密码务必一样！");
        return false;
    } else
        return true;
}
</script>
</head>
<body>
    <%
        Object[] obj = (Object[]) request.getAttribute("U_INFO");
         String roleid = request.getParameter("roleid");
    %>
    <!-- 注意 action 属性值为../UserServlet，当前为相对路径 -->
    <form name="form1" method="post" action="UserServlet">
        <input type="hidden" name="userid" value="<%=obj[0]%>" />
        用户名称：<input type="text" name="username" value="<%=obj[2]%>" /></br>
        用户密码：<input type="password" name="userpassword" value="<%=obj[3]%>" /></br>
        确认密码：<input type="password" name="repwd" value="<%=obj[3]%>" /></br>
        用户角色：<select name="roleid">
            <%
```

```
            String sql = "select * from t_role";
            //创建数据库连接
            DbConn dbconn = new DbConn();
            //获取声明 PreparedStatement
            PreparedStatement pstmt = dbconn.getPreparedStatement(sql);
            //得到所有的模块数据
            ResultSet rs = pstmt.executeQuery();
            //循环读取数据库记录
            while (rs.next()) {
                if(rs.getInt(1)==Integer.parseInt(roleid)){
        %>
          <option value="<%=rs.getInt(1)%>" selected="selected">
             <%=rs.getString(2)%>
          </option>
        <%
                }else{
        %>
         <option value="<%=rs.getInt(1)%>" >
            <%=rs.getString(2)%>
         </option>
        <%
                }
            }
        rs.close();
        dbconn.ClosePreparedStatement(pstmt);      //关闭声明
        dbconn.CloseConnection();                  //关闭连接
        %>
      </select> </br> <input type="submit" value="确定" onclick="return checkUserName()" />
    </form>
</body>
</html>
```

（4）修改 UserServlet 类中的 doGet()方法，修改的思路是通过判断用户 ID 是否为空，来决定使用增加还是修改语句。新增用户时，用户 ID 是为空的，需修改某一用户时，其用户 ID 是不为空的，该数据 form 表单中设置为隐藏方式。修改后的程序内容如下：

```
response.setContentType("text/html; charset=utf-8");
PrintWriter out=response.getWriter();
request.setCharacterEncoding("utf-8");
String userid=request.getParameter("userid");
String rid=request.getParameter("roleid");
String uname=request.getParameter("username");
String upwd=request.getParameter("userpassword");
String sql="insert into t_user(username,userpassword,roleid) values(?,?,?)";
String tempstr="增加";
if(userid!=null) {
        sql="update t_user set username=?,userpassword=?,roleid=? where userid=?";
        tempstr="修改";
    }
```

```
//创建 DbConn 对象
DbConn dbconn=new DbConn();
PreparedStatement pstmt=null;
try {
    //获取数据库连接对象并产生预声明
    pstmt=dbconn.getPreparedStatement(sql);
    pstmt.setString(1, uname);
    pstmt.setString(2, upwd);
    pstmt.setInt(3, Integer.parseInt(rid));
    if(userid!=null)pstmt.setInt(4, Integer.parseInt(userid));
    //执行更新
    if (pstmt.executeUpdate()>0) {
    //取得返回的 userid 值
        out.println("<script>alert('"+tempstr+"成功！');</script>");
        out.println("<a href='sysuser/man_user.jsp'>转向管理页面</a>");
        out.println("<a href='sysuser/add_user.jsp'>转向增加页面</a>");
    } else {
        out.println("<script>alert('"+tempstr+"失败！')</script>");
    }
} catch (SQLException e) {
    //TODO Auto-generated catch block
    e.printStackTrace();
}finally {
   dbconn.ClosePreparedStatement(pstmt);
   dbconn.CloseConnection();
}
```

（5）启动 Tomcat，在浏览器中运行 main.jsp。在 main.jsp 页面左侧菜单栏中选择“用户管理”，即可运行 man_user.jsp。在 man_user.jsp 页面的列表中单击某条记录对应的修改链接，即可进入修改页面，可以看到相关数据能正确地显示在该页面的对应位置中，此时即可根据实际情况对信息作出修改。修改页面如图 6-12 所示。

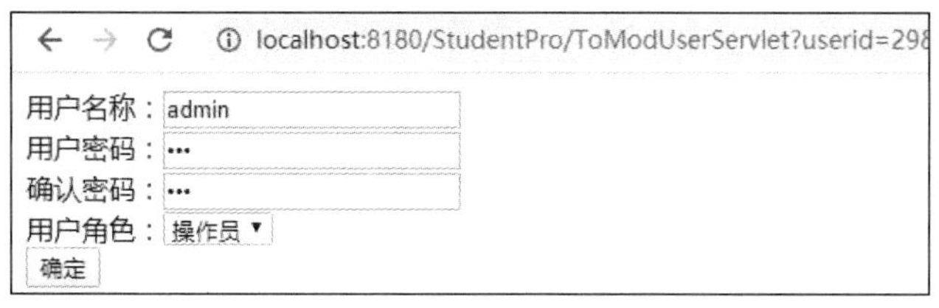

图 6-12 修改用户信息页面

4. 用户信息删除程序

在列表页面选择某一用户进行删除操作，将通过本用户信息删除程序来完成。

用户信息删除程序

（1）在 com.huang.servlet 包中，新建一个名为 DelUserServlet 的 Servlet 类。

（2）修改 DelUserServlet 类中的 doGet()方法。内容如下：

```
response.setContentType("text/html; charset=utf-8");
    PrintWriter out=response.getWriter();
    request.setCharacterEncoding("utf-8");
    String userid=request.getParameter("userid");
    String sql="delete from t_user where userid=?";
    //创建 DbConn 对象
    DbConn dbconn=new DbConn();
    PreparedStatement pstmt=null;
    try {
        //获取数据库连接对象并产生预声明
        pstmt=dbconn.getPreparedStatement(sql);
        pstmt.setInt(1, Integer.parseInt(userid));
        //执行更新
        if (pstmt.executeUpdate()>0) {
        //取得返回的 userid 值
            out.println("<script>alert('删除成功！');</script>");
            out.println("<a href='sysuser/man_user.jsp'>转向管理页面</a>");
            out.println("<a href='sysuser/add_user.jsp'>转向增加页面</a>");
        } else {
            out.println("<script>alert('删除失败！')</script>");          }
    } catch (SQLException e) {
        e.printStackTrace();
    }finally {
        dbconn.ClosePreparedStatement(pstmt);       //关闭声明
        dbconn.CloseConnection();                   //关闭连接
    }
```

（3）启动 Tomcat，在浏览器中运行 main.jsp。选择用户管理模块，即可运行 man_user.jsp，然后单击某一记录的删除操作链接，即可删除信息。

知识解析：Servlet 生命周期

Servlet 生命周期是指 Servlet 对象从创建到销毁的整个过程。Servlet 创建于用户第一次调用该 Servlet 时，但是用户也可以指定 Servlet 在服务器第一次启动时被加载。

客户端首次发送请求某一服务时，生成的 Servlet 对象将大致遵循以下过程进行：

（1）首先，Servlet 对象调用 init()方法进行初始化。

（2）然后，Servlet 对象调用 service()方法来处理客户端的请求。

（3）接着，Servlet 对象通过调用 destroy()方法终止执行。

（4）最后，Servlet 对象是由 JVM 的垃圾回收器进行垃圾回收的。

在客户端有新的请求且为同一服务时，服务（Server）创建新的请求和响应对象，仍然激活此 Servlet 的 service() 方法，同时将这两个对象作为参数传递给它，但无须再次调用 init()方法，后继收到的同一请求服务将重复以上循环。也就是说，某一个 Servlet 一般只初始化一次（只生成一个对象），当服务不再需要该 Servlet 时（如服务关闭），服务将调用对应的 destroy()方法。

图 6-13 显示了一个典型的 Servlet 生命周期过程。

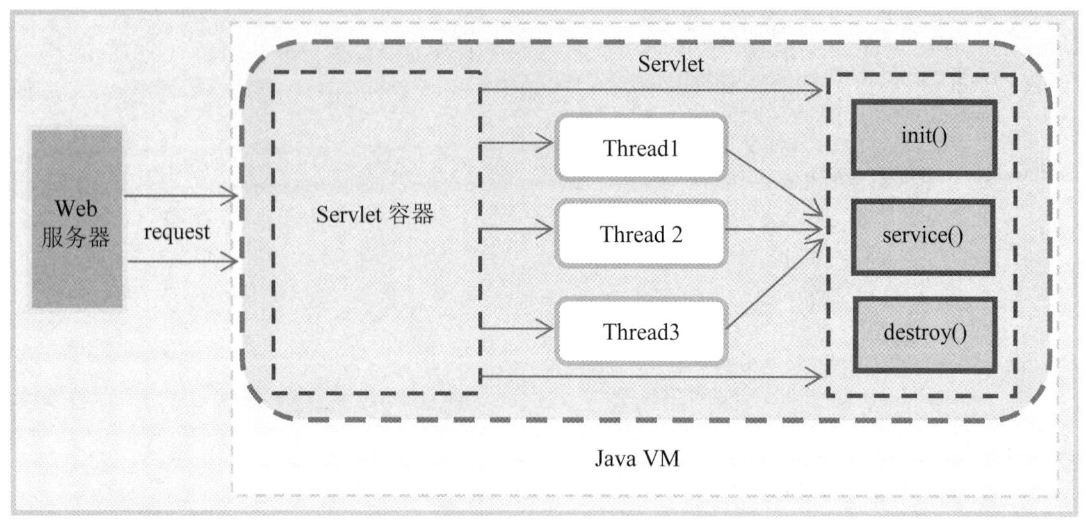

图 6-13 Servlet 生命周期过程

（1）init()方法。init()方法简单地创建或加载一些数据，这些数据将被用于 Servlet 的整个生命周期。init 方法的定义如下：

```
public void init() throws ServletException {
    //初始化代码
}
```

init()方法在第一次创建 Servlet 对象时被调用，在后续每次用户请求时不再调用。也就是说，运行时 init()方法只进行一次初始化，其后不再调用。

当用户调用一个 Servlet 时，就会创建一个 Servlet 实例，每一个用户请求都会产生一个新的线程，并在适当的时候移交给 doGet()或 doPost()方法。

（2）service() 方法。service()方法是执行实际任务的主要方法，定义如下：

```
public void service(ServletRequest request,
                    ServletResponse response)
    throws ServletException, IOException{
}
```

service()方法由容器调用，用于处理来自客户端（浏览器）的请求，并把格式化的响应写回给客户端。每次服务器接收到一个 Servlet 请求时，服务器会产生一个新的线程并调用服务。一般情况下，程序员基本上不用对 service()方法进行重写，只需要根据来自客户端的请求类型来重写 doGet()或 doPost()方法即可，service()方法会根据 HTTP 请求类型自动调用 doGet()、doPost()等方法。

（3）doGet()方法。get 请求一般由 doGet()方法来处理，该请求可能是一个 URL 的正常请求，也可能是来自一个未指定 Method 或 Method 值为 get 的 HTML 表单。doGet()方法定义如下：

```
public void doGet(HttpServletRequest request, HttpServletResponse response)
    throws ServletException,IOException {
    //doGet 处理代码
}
```

（4）doPost()方法。post 请求一般由 doPost()方法来处理，该请求一般来自一个指定了 Method 值为 post 的 HTML 表单。doPost()方法定义如下：

```
public void doPost(HttpServletRequest request, HttpServletResponse response)
        throws ServletException, IOException {
        //doPost 处理代码
}
```

（5）destroy()方法。destroy()方法在 Servlet 生命周期结束时被调用，并且只会被调用一次。在调用 destroy()方法之后，Servlet 对象被标记为垃圾回收。destroy()方法定义如下：

```
public void destroy() {
        //终止化代码
    }
```

知识解析：使用 Java 集合存储对象数据

Java 集合框架提供了一套性能良好、使用方便的接口和类。完整的 Java 集合类位于 java.util 包中，有多个接口/类用于管理集合对象，它们支持集、列表或映射等集合。这些集合接口/类的继承关系由两个树状图构成，如图 6-14 所示。

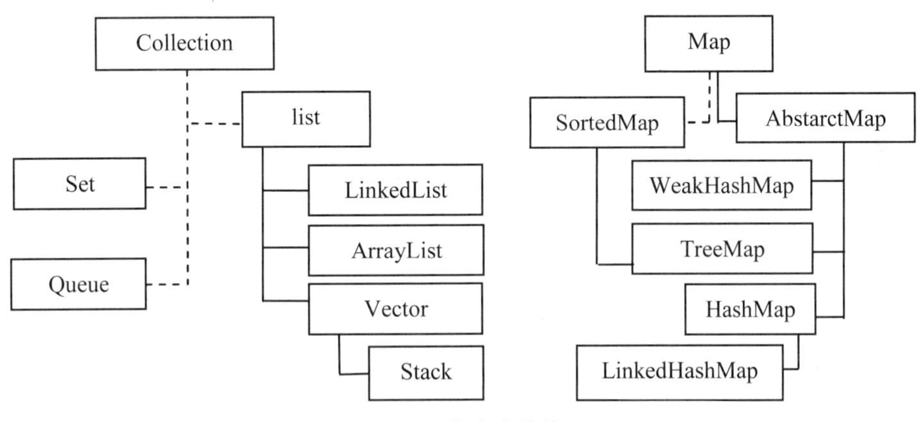

图 6-14　集合类结构

（1）第一棵树的根节点为 Collection 接口，它定义了所有集合的基本操作，如添加、删除、遍历等。其常用的子接口为 Set、List 和 Queue，它们提供了十分丰富的功能。

- Set 接口不包含重复元素，它有一个子接口 SortedSet，SortedSet 中的元素是按大小顺序排列的。
- List 接口保存了元素的位置信息，可以通过位置索引来访问 List 中的元素。
- Queue 接口保证了元素的访问顺序（FIFO 等）。

（2）第二棵树根节点为 Map 接口，保存的是键/值对的集合，可以通过键来实现对值元素的快速访问。SortedMap 为 Map 接口的子接口，其中的键是按照大小顺序排列的；AbstractMap 则提供了实现 Map 接口最小化的功能。

1. Collection 接口

Collection 是最基本的集合接口，一个 Collection 代表一组 Object，即 Collection 的元素（Elements）。Java 软件开发工具包（Java SDK）不提供直接继承自 Collection 的类，其提供的类都继承自 Collection 的“子接口”，如 List 和 Set，并且所有的接口都是泛型接口，声明形式如下：

```
public interface Collection<E>...
```

当创建一个集合实例时，需要指定放入集合的数据类型。指定集合数据类型可使编译器能检查放入集合的数据类型是否正确，从而减少运行时错误。

（1）使用 for-each 循环遍历集合。for-each 循环能以一种非常简洁的方式对集合中的元素进行遍历，示例如下：

```
for (Object o : collection)
    System.out.println(o);
```

（2）使用迭代器 Iterators 遍历集合。迭代器（Iterator）可以用来遍历集合并对集合中的元素进行删除操作。可以通过集合的 iterator 函数获取该集合的迭代器，如下所示：

```
Iterator it = collection.iterator();    //获得一个迭代子
while(it.hasNext()) {
    Object obj = it.next();             //得到下一个元素
    it.remove();                        //删除 next()最后一次从集合中访问的元素
}
```

（3）Collection 和数组间的转换。数组转化为集合的代码如下：

```
List<String> c = new ArrayList<String>(…);
```

集合转化为数组的代码如下：

```
Object[] a = c.toArray();
```

2. List 接口

List 是有序的 Collection，使用此接口能够精确地控制每个元素插入的位置。用户能够使用索引来访问 List 中的元素，这类似于 Java 的数组。在 List 中允许有相同的元素。除了具有 Collection 接口必备的 iterator()方法外，List 还提供一个 listIterator()方法，返回一个 ListIterator 接口。和标准的 Iterator 接口相比，ListIterator 多了一些如 add()之类的方法，允许添加、删除、设定元素，还能向前或向后遍历。

实现 List 接口的常用类有 LinkedList、ArrayList、Vector 和 Stack。

（1）LinkedList 类。LinkedList 类实现了 List 接口，允许 null 元素。此外，LinkedList 提供了的 get()、remove()、insert()方法，可以在 LinkedList 对象中插入或删除元素。这些操作使 LinkedList 可被用作堆栈（stack）、队列（queue）或双向队列（deque）。LinkedList 没有同步方法，当有多个线程同时访问一个 List 时，必须由 List 自身实现访问同步。如下示例是在创建 List 时构造一个同步的 List。

```
List list = Collections.synchronizedList(new LinkedList(...));
```

（2）ArrayList 类。ArrayList 类实现了可变大小的数组。它允许包括 null 元素，但每个 ArrayList 实例都有一个容量（capacity），即用于存储元素的数组的大小。这个容量可随着不断添加新元素而自动增加，也就是说它是个规模可变并且能像链表一样被访问的数组。当需要插入大量元素时，在插入前可以调用 ensureCapacity()方法来增加 ArrayList 的容量以提高插入效率。和 LinkedList 一样，ArrayList 也是非同步的（unsynchronized）。

（3）Vector 类。Vector 类非常类似于 ArrayList，但是 Vector 是同步的。当一个 Iterator 被创建而且正在被使用，另一个线程改变了 Vector 的状态（例如添加或删除了一些元素）时，将在调用 Iterator 的方法时抛出 ConcurrentModificationException，因此必须捕获该异常。

（4）Stack 类。Stack 类继承自 Vector 类，并提供 5 个额外的方法，即 push()、pop()、peek()、empty()、search()，从而可实现一个后进先出的堆栈。刚创建的 Stack 是空栈。

3. Set 接口

Set 是最简单的一种集合，最多有一个 null 元素，它不按特定方式对对象进行排序，只是简单地把对象加入集合中，是一种不包含重复元素的 Collection，即任意的两个元素 e1 和 e2 都有 e1.equals(e2)=false。Set 接口中的函数都是从 Collection 继承而来的，但限制了 add 的使用，即其不能添加重复元素。Set 集也有多种变体，可以实现排序等功能，如 TreeSet 把将对象添加到集合中的操作变为按照某种比较规则将对象插入有序的对象序列中。

4. Map 接口

Map 是一种包含键/值对的元素的集合，但其并没有继承 Collection 接口。Map 不能包含重复的键，即一个 Map 中不能包含相同的 key，每个 key 只能映射一个 value。Map 提供了 key 到 value 的映射，从而可通过键实现对值的快速访问。Java 平台中包含了 3 种通用的 Map 实现：HashMap、TreeMap 和 LinkedHashMap。

（1）HashMap 类。要在 Map 中插入、删除和定位元素，HashMap 类是最好的选择。为了优化 HashMap 空间的使用，可以调优初始容量和负载因子。HashMap 常用构造方法如下：

- HashMap()：构建一个空的哈希映像。
- HashMap(Map m)：构建一个哈希映像，并且添加映像 m 的所有映射。
- HashMap(int initialCapacity)：构建一个拥有特定容量的空的哈希映像。
- HashMap(int initialCapacity, float loadFactor)：构建一个拥有特定容量和加载因子的空的哈希映像。

（2）TreeMap 类。TreeMap 类能按自然顺序或自定义顺序遍历键。TreeMap 类没有调优选项，因为该树总处于平衡状态。TreeMap 类常用构造方法如下：

- TreeMap()：构建一个空的映像树。
- TreeMap(Map m)：构建一个映像树，并且添加映像 m 中所有元素。
- TreeMap(Comparator c)：构建一个映像树，并且使用特定的比较器对关键字进行排序。
- TreeMap(SortedMap s)：构建一个映像树，添加映像树 s 中所有映射，并且使用与有序映像 s 相同的比较器排序。

（3）LinkedHashMap 类。LinkedHashMap 类是 HashMap 类的扩展，以插入顺序将关键字/值对添加进链接哈希映像中。与 LinkedHashSet 类一样，LinkedHashMap 类内部也采用双重链接式列表。

- LinkedHashMap()：构建一个空链接哈希映像。
- LinkedHashMap(Map m)：构建一个链接哈希映像，并且添加映像 m 中所有映射。
- LinkedHashMap(int initialCapacity)：构建一个拥有特定容量的空的链接哈希映像。
- LinkedHashMap(int initialCapacity, float loadFactor)：构建一个拥有特定容量和加载因子的空的链接哈希映像。
- LinkedHashMap(int initialCapacity, float loadFactor, boolean accessOrder)：构建一个拥有特定容量、加载因子和访问顺序排序的空的链接哈希映像。如果将 accessOrder 设置为 true，那么链接哈希映像将使用访问顺序而不是插入顺序来迭代各个映像。

任务 6–3　使用 Servlet 改造用户登录程序

使用 Servlet 改造用户登录程序

任务目标

能利用 HttpSession 接口处理会话。

任务要求

完善学生管理系统 StudentPro 项目中的用户登录功能。在前面的项目中，已经建立了一个用户登录程序，该程序通过 checklogin.jsp 实现控制用户登录，本任务需通过一个 Servlet 类程序来实现用户登录的判断。

知识解析：HttpSession

前面介绍 JSP 内置对象时讲述了 session 内置对象，该对象能在既定的时间内维持数据状态。其实，该 session 内置对象来源于 Servlet API 中的 HttpSession 接口，当在 JSP 中有一个 HttpSession 对象开始使用时，Servlet 容器就会通过 HttpSession 接口创建一个实例，并同时在服务器内存中为之开辟一个空间来存取数据。对于每一个 HttpSession 对象，Servlet 容器都会分配一个唯一的标识符即关键字（常称为 SessionID）。在响应数据时，会将 SessionID 带回客户端并存放在客户端的 Cookie 中，下次请求时将从 Cookie 中取出 SessionID 并将之随 requset 请求数据一并发送到服务器端。服务器识别对应的 SessionID 后即可获取对应数据。在编写 Servlet 程序时，同样能使用 session 对象。

HttpSession 为 Servlet API 中的一个接口，在编写 Servlet 程序时，不能像在 JSP 页面中那样直接使用 session 内置对象了，而应该通过 HttpServletRequest 类的 request 对象来获取 session（因 SessionID 是随着请求数据一并过来的），然后才能使用。

1. Servlet 程序中的 Session

前面提到，在 Servlet 中，不能像在 JSP 页面中那样直接使用 session 对象，而是需要通过创建才能使用，即可通过 HttpServletRequest 类的 request 对象调用以下两种方法来创建 HttpSession。

（1）getSession(boolean value)：当该方法中参数值为 true 时，如果存在与当前请求相关联的会话，就返回该会话，否则创建一个新的会话，并返回新建会话；当该方法中的参数值为 false 时，如果存在与当前请求相关联的会话，就返回该会话，否则直接返回 null。

```
HttpSession session=request.getSession(false);
```

（2）getSession()：该方法中，如果存在与当前请求相关联的会话，就返回该会话，否则创建一个新的会话，并返回新建会话，getSession(boolean value)与方法参数为 true 时一致。

```
HttpSession session=request.getSession();
```

2. 会话的使用

在 Servlet 类中，在创建好 HttpSession 实例对象后，即可通过相关方法进行数据存取。常用方法如下（实际用法与 JSP 中的内置对象是一致的）：

（1）void setAttribute(String key,Object value)：以键/值的方式，将一个对象的值存放到 session 中去。例如：

```
//把字符串“huang”存放到关键字为 NAME 的 session 中
session.setAttribute("NAME", "huang");
```

（2）Object getAttribute(String key)：根据键获取 session 中存放的对象的值。例如：

```
//通过名称为 NAME 的关键字获取 session 中存放的对象的值
String name = (String)session.getAttribute("NAME");
```

实施过程

（1）在 com.huang.servlet 包中新建一个名 CheckLoginServlet 的 Servlet 类。

（2）修改 CheckLoginServlet 类的 doGet()方法，内容如下：

```
//设置响应数据编码格式
response.setContentType("text/html;charset=utf-8");
//设置请求数据编码格式
request.setCharacterEncoding("utf-8");
//通过 request 内置对象获取表单控件的数据
String uname = request.getParameter("username");
String upwd = request.getParameter("pwd");
String sql = "select * from t_user where username=? and userpassword=?";
//通过 request 对象获取 session
HttpSession session = request.getSession();
DbConn dbconn = new DbConn();
//产生声明
PreparedStatement pstmt = null;
//得到查询结果集 ResultSet
ResultSet rs = null;
try {
    pstmt = dbconn.getPreparedStatement(sql);
    pstmt.setString(1, uname);
    pstmt.setString(2, upwd);
    rs = pstmt.executeQuery();
    //读取结果集数据 rs.next()
    if (rs.next()) {
        //将用户 ID、用户名分别存放到键名为 USERID、USERNAME 的 session 中
        session.setAttribute("USERID", rs.getInt("userid"));
        session.setAttribute("USERNAME", rs.getString("username"));
         response.sendRedirect("main.jsp");
    } else {
        response.sendRedirect("login.html");
    }

} catch (SQLException e) {
    e.printStackTrace();
} finally {
    dbconn.CloseResultSet(rs);                    //关闭结果集
    dbconn.ClosePreparedStatement(pstmt);  //关闭声明
    dbconn.CloseConnection();                     //关闭连接
}
```

（3）修改 login.html 中 form 表单的 action 等属性，属性值设置如下：

```
<form name="form1" method="post" action="CheckLoginServlet">
```

（4）启动 Tomcat，在浏览器中运行 login.html 文件。输入正确的用户名与密码后转入 main.jsp 页面，结果如图 6-15 所示。

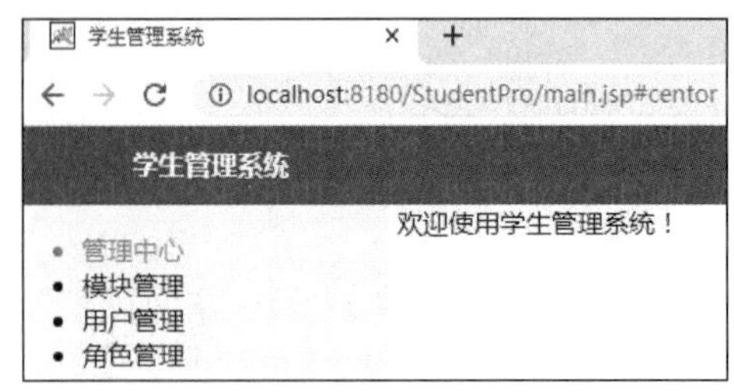

图 6-15　用户登录程序运行成功后的结果

从上面的任务可以看出，通过使用 Servlet 承载更多的业务逻辑，简化了 JSP 页面的程序内容，能有效提高应用程序的可扩展性、可维护性。

知识解析：HttpSession 对象的生命周期

HttpSession 对象的生命周期是 Servlet 容器从创建 session 对象到销毁的过程。

当客户端浏览器第一次访问服务器时，服务器为每一个用户创建一个不同的 HttpSession 实例对象后，即可使用该对象进行数据存取。在完成数据存取操作后，便可结束 HttpSession 对象。可通过以下三种方式结束 HttpSession 对象。

（1）关闭浏览器，即关闭了 HttpSession 对象。

（2）调用 HttpSession 的 invalidate()方法，通过该方法可删除 HttpSession 对象及对应数据。

（3）两次请求访问的时间间隔大于应用服务器中对 HttpSession 对象定义的非活动时间间隔。也就是说，Servlet 容器会依据 HttpSession 对象设置的存活时间，在达到既定时间后将 HttpSession 对象销毁。

当 HttpSession 对象的生命周期结束后，应用服务器会清空当前浏览器与原 HttpSession 对象相关的数据。

注： 因 session 信息是存放于服务器端的，所以在使用 session 时要考虑该数据是否适合存入 session 中，对用户只用一两次就不再使用或偶尔使用的数据，建议若非必要就不要存入 session 中，或主动销毁数据，以免浪费服务器资源。

知识延展：Servlet 与 JSP 的关系

1. Servlet 与 JSP 的区别

Servlet 为纯 Java 文件，主要用于控制逻辑，通过 HttpServletResponse 对象动态输出 HTML 内容。而 JSP 是 Java 和 HTML 组合成一个扩展名为.jsp 的文件，侧重于视图，为 Servlet 技术的扩展，其编译后仍为一个 Servlet 类。

Servlet 能够很好地组织业务逻辑代码，但因为其是通过字符串拼接的方式生成动态 HTML 内容的，因此拼接过程较麻烦，代码维护较困难。JSP 填补了 Servlet 在生成 HTML 内容方面的劣势，但是当在 HTML 中混入大量、复杂的 Java 业务逻辑时，其可读性又会变差。

2. JSP 的执行过程

每个 JSP 页面在第一次被访问时，JSP 引擎（JSP 容器）会将它翻译成一个 Servlet 源程序，这一过程将所有模板文本改用 println()语句，并且将所有的 JSP 元素转化成 Java 代码。接着再把这个 Servlet 源程序编译成.class 类文件，此时才能由 Web 容器用与调用普通 Servlet 程序一样的方式来装载和解释执行这个翻译后的 Servlet 程序，并执行该 Servlet 实例的 jspInit()方法；然后创建并启动一个新的线程，并把客户端的请求和对客户端的响应分别封装成 HttpServletRequest 和 HttpServletResponse 对象，同时调用对应的 Servlet 实例中的 jspService()方法，把这两个对象作为参数传递到 jspService()方法中。jspService()方法执行后会将 HTML 内容返回给客户端。Servlet 执行过程如图 6-16 所示。

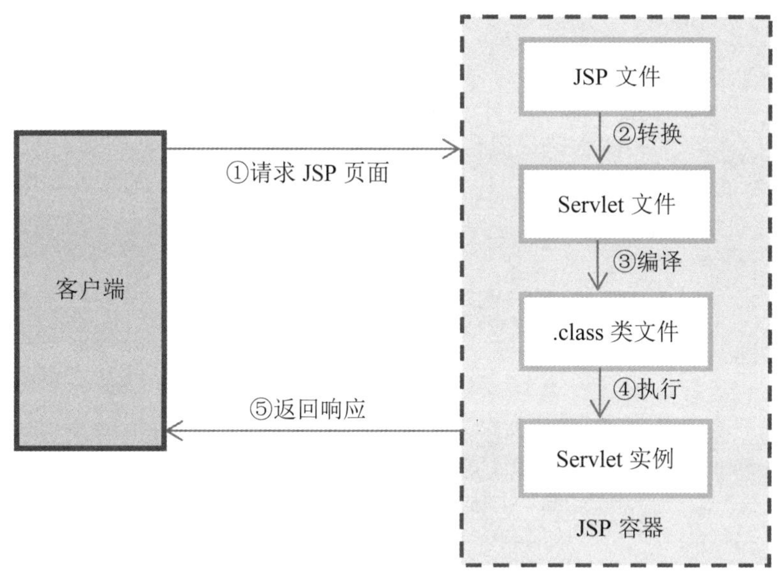

图 6-16 JSP 执行过程

一般情况下，在第一次调用时，JSP 会因需要转换和编译而导致有一些轻微的延迟。每一次执行时，JSP 引擎都会检查 JSP 文件对应的 Servlet 是否存在，并且检查 JSP 文件是否被修改。通常会根据修改日期来判断是否对该文件进行重新编译，即如果 JSP 文件的修改日期早于对应的 Servlet，那么容器就可以确定 JSP 文件没有被修改过并且对应的 Servlet 有效，此时不用转译即可直接使用该 Servlet。

3. JSP 执行中的编码问题

在前文中讲到中文乱码有两种情况：一种是请求数据出现乱码，另一种是响应数据出现乱码。中文乱码问题主要由 JSP 页面的编译与执行过程中使用的编码方式引起，不同阶段的原由不完全一样。

预处理阶段，把 JSP 文件解析为 Java 代码（Servlet)。服务器在将 JSP 文件编译成.java 文件时会根据 pageEncoding 的设定读取 JSP，并由指定的编码方案翻译成统一的 UTF-8 编码的 Java 源码（即.java)。

编译阶段，把 Servlet 文件（.java）编译为 Java 字节码文件（.class)。在这一阶段中，不论 JSP 在编写时用的是什么编码方案，最终均编译成 UTF-8 编码的二进制码（.class)。这一过程是由 JVM 的内在规范决定的。

响应阶段，即将执行结果返回给客户端。这次输出过程由 contentType 属性中的 charset 来指定，将 UTF-8 形式的二进制码以 charset 的编码形式来输出。如果没有人为设定，则默认的是 ISO8859-1 形式，此时容易出现乱码。

拓 展 任 务

本阶段拓展任务要求

根据图书商城的需求，为图书商城系统的登录程序增加验证码功能，并为系统增加图片下载功能。

拓展任务实施参考步骤

1. 验证码功能

为图书商城系统的登录程序增加验证码功能，验证码样式如图 6-17 所示。

图书商城管理登录
用户名：
密 码：
验证码： 2NVV 看不清楚
提交

图 6-17 验证码样式

（1）先创建一个用于产生验证码的 Servlet 程序，命名为 ImageServlet，其参考代码如下：

```
@WebServlet("/ImageServlet")
public class ImageServlet extends HttpServlet{
    //实现验证码的生成
    public void doGet(HttpServletRequest request,HttpServletResponse response) throws IOException{
    //设置编码格式为 UTF-8
    request.setCharacterEncoding("utf-8");
    BufferedImage bufimg=new BufferedImage(72, 24,BufferedImage.TYPE_INT_RGB);   //创建图像缓冲区
    Graphics gs=bufimg.getGraphics();          //通过缓冲区创建一个画布
    Color c=new Color(185,120,235);            //创建背景颜色
    //根据背景画一个矩形框
    gs.setColor(c);                  //为画布创建背景颜色
    gs.fillRect(0, 0, 72,24);        //填充指定的矩形

    Random r=new Random();
    char[] chs="0123456789abcdefghijklmnopqrstuvwxyzABCDEFGHIJKLMNOPQRSTUVWXYZ".
            toCharArray();        //转化为字符型的数组
    int len=chs.length;
    int index;                       //index 用于存放随机数字
    StringBuffer strbuf=new StringBuffer();
```

```
        //画随机字符
        for(int i=0;i<4;i++)
        {
            index=r.nextInt(len);        //产生随机数字
            gs.setColor(new Color(r.nextInt(68),r.nextInt(168),r.nextInt(255)));   //设置颜色
            gs.drawString(chs[index]+"",(i*15)+3, 18);   //在某一位置画随机字符
            strbuf.append(chs[index]);       //保存产生的信息
        }
        String string = new String(strbuf.toString().getBytes(),"utf-8");
        //将产生的数字保留在 session 中，以便后续的使用
        request.getSession().setAttribute("MYCODE",string);
        ImageIO.write(bufimg, "JPG", response.getOutputStream());        }
}
```

（2）新建一个用于用户登录的 Servlet 程序，命令为 LoginServlet，其参考代码如下：

```
@WebServlet("/LoginServlet")
public class LoginServlet extends HttpServlet {
    public void doGet(HttpServletRequest request, HttpServletResponse response)
                throws ServletException, IOException {
                //设置编码格式为 UTF-8
              request.setCharacterEncoding("utf-8");

        //通过 session 获取 ImageServlet 中生成的验证码
         String mycode=(String) request.getSession().getAttribute("MYCODE");
        //取 form 表单中的值
         String checkCode=request.getParameter("checkCode");
        //把字符全部转换为大写，使验证码不区分大小写
        mycode=mycode.toUpperCase();
        checkCode=checkCode.toUpperCase();
        //判断两个值是否一致
        if(checkCode.equals(mycode)) {
                …
            }
    }
}
```

（3）新建一个用于用户登录的 JSP 页面，命令为 LoginServlet.jsp，页面内容大致如下：

```
<!--看不清楚，重新加载验证码-->
<script type="text/javascript">
    function reloadMyCode()
        {
            var time=new Date().getTime();
            document.getElementById("imagecode").src="<%=request.getContextPath()%>/ImageServlet?d="+ time;
        }
</script>

</head>
<body>
    <h1>图书商城管理登录</h1>

    <form action="<%=request.getContextPath()%>/LoginServlet" method="get">
```

```
        <!-- 账号密码 -->
        用户名：<input type="text" name="username"><br> 密码：<input
            type="password" name="password"><br>
        <!-- 取消注释即可实现验证码登录验证 -->
        验证码：<input type="text" name="checkCode" /> <img alt="验证码"
            id="imagecode" src="<%=request.getContextPath()%>/ImageServlet" /> <a
            href="javascript:reloadMyCode();">换一个</a><br> <input
            type="submit" value="提交">
    </form>
</body>
```

2. 图片下载功能

若 WebRoot 文件夹下有一个 img 子文件夹，其中存放着一张图书的图片 mypic.jpg，现要求编写一个 Servlet 程序下载该图片。主要实现代码如下：

```
//获取要下载的文件的绝对路径
String realPath = this.getServletContext().getRealPath("img/mypic.jpg");
//获取要下载的文件名
String fileName = realPath.substring(realPath.lastIndexOf("\\")+1);
//设置 content-disposition 响应头控制浏览器以下载的形式打开文件
//中文文件名要使用 URLEncoder.encode 方法进行编码，否则会出现文件名乱码
response.setHeader("content-disposition", "attachment;filename=" + URLEncoder.encode(fileName, "UTF-8"));
//获取文件输入流
InputStream in = new FileInputStream(realPath);
int len = 0;
//创建数据缓冲区
byte[] buffer = new byte[1024];
//通过 response 对象获取 OutputStream 流
OutputStream out = response.getOutputStream();
while ((len = in.read(buffer)) > 0) {          //将 FileInputStream 流写入 buffer 缓冲区
out.write(buffer,0,len);                       //使用 OutputStream 将缓冲区的数据输出到客户端浏览器
}
//关闭文件输入流
in.close();
//关闭文件输出流
out.close();
```

课后习题

（1）Servlet 生命周期是怎样的？Servlet 实例一般什么时候创建？在什么时候销毁？

（2）在 Servlet 程序中，doGet()与 doPost()方法有何异同？

（3）Servlet 中请求对象与 JSP 中的请求对象是否是一样的？有什么差异？

（4）请简述 JSP 与 Servlet 的关系。

（5）在 Servlet 中能否直接使用 session 对象？该如何取得该对象？

（6）利用 Servlet 编写一个文件上传程序。

项目七　使用 MVC 模式实现学生管理系统

学习目标：

- 能正确使用 MVC 模式实现系统设计。
- 理解 MVC 相关概念。

重难点：

- 重点：掌握 MVC 模式的工作原理。
- 难点：MVC 模式的应用。

思政元素：

- 一丝不苟、大胆探索。

引导资料：MVC 设计模式

1. MVC 设计模式概述

目前在 Java Web 应用开发中使用最广泛的设计模式之一便是 MVC（Model-View-Controller）模式，当前主流的 Web 应用开发框架大多也是基于 MVC 设计模式所编写的。那么 MVC 设计模式是怎样的呢？

MVC 设计模式把 Web 应用系统在设计上分解成模型（Model）、视图（View）、控制器（Controller）三部分，它强制性地将应用程序的输入、处理和输出分开。

（1）模型（Model）部分。模型部分封装了问题的核心数据、逻辑和功能的计算关系。Model 层包括数据访问层和业务处理层，数据访问层主要是对数据库的一些操作进行封装，业务处理层主要是对业务逻辑与功能计算等操作进行封装。

（2）视图（View）部分。视图部分将模型数据、业务状态等信息以特定形式展示给用户，通常使用 JSP 和 HTML 进行构建。它从模型获得显示信息，对于相同的信息可以有多个不同的显示形式或视图。

（3）控制器（Controller）部分。控制器部分接受用户请求，调用模型响应用户请求，选择视图显示返回响应结果。通常一个视图具有一个 Controller。

MVC 模式有效实现了模型和视图的分离，提高了系统的灵活性和复用性，提升了开发效率，被广泛应用在各大方案中。

2. 基于 MVC 的 Java Web 应用开发模型

在 Java Web 应用开发中通常可用 JSP+JavaBean+Servlet 模式来实现 MVC。主要流程为用户在客户端（Web 应用的客户端即为浏览器）中发出请求，该请求首先由 View 层的 JSP/HTML 将 HTTP 请求传给控制器中对应的 Servlet，然后由 Servlet 负责调用 Model 层中的业务逻辑处理部分进行处理，处理期间如果涉及数据库的操作，则请求数据库进行协作，最后全部操作完成后，由业务逻辑层将结果发给控制层，控制层以 HTTP 响应的形式将结果发送回客户端。其执行过程大致如图 7-1 所示。

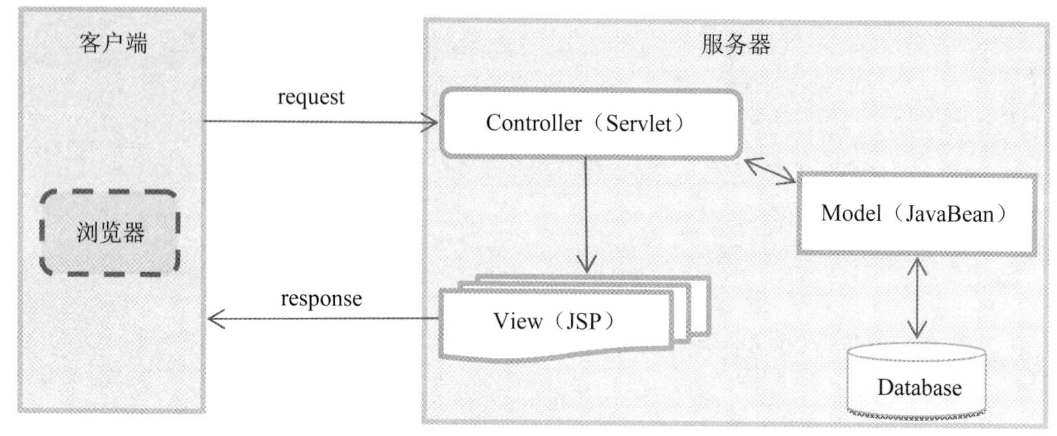

图 7-1 MVC 执行过程

JSP 视图层主要负责接收用户的数据，以及获取 Servlet 存储在某个作用域之中的数据，并将数据显示给用户。

Servlet 控制层负责接受并处理请求参数，找到合适的模型对象来处理业务逻辑，获取结果数据，并将数据存储在某个作用域范围之中，最后选择视图页，由视图页完成数据显示。

JavaBean 模型层完成具体的业务工作，例如增加用户、生成订单等。

任务 7-1 设计学生信息管理模块的 JavaBean 程序

设计学生信息管理模块的 JavaBean 程序

任务目标

能正确构建 MVC 中模型端的 JavaBean 程序。

任务要求

完善学生管理系统 StudentPro 项目中的学生信息管理功能模块，并通过 MVC 模式来实现学生信息管理模块。本任务要求编写学生信息管理业务（增加、查询、修改及删除）程序中的 JavaBean 程序。

知识准备：JavaBean 的使用

JavaBean 是由 Java 语言编写的一种可重用组件。用户可以使用 JavaBean 将功能处理、值、数据库访问和其他任何可以用 Java 代码创建的对象进行打包，并且其他的开发者可以通过内部的 JSP 页面、Servlet、其他 JavaBean 程序或者应用来使用这些对象。JavaBean 在服务器端的应用十分广泛，在 Java Web 程序中常用来封装业务逻辑、数据库操作等。

JavaBean 本质上是一个 Java 类，根据 JavaBean 实现功能的不同可分为以下两类：

（1）封装数据的 JavaBean。

（2）封装业务的 JavaBean。

1．封装数据的 JavaBean

在实现业务方法时，会把参数传递给相关方法，再根据参数值进行业务处理，但这种方法在参数过多（如所操作数据库表对应字段较多）时就十分不便了。在面向对象编程中，可将这些参数先封装到一个相对应的实例对象中，然后传递该实例对象就方便多了，此时传递的参数即为 JavaBean 对象。一般封装数据的 JavaBean 具有较严格的要求，具体如下：

（1）类必须是具体的、公共的，并提供无参数的公有的构造方法。

（2）提供符合一致性设计模式的能公共访问的 set()和 get()方法，该方法用于访问内部成员属性。

（3）类成员属性必须定义为私有的。

在数据库应用系统中，封装数据的 JavaBean 实际上就是对数据库中某一张表的字段进行封装，每一个属性都要与数据库表中的字段相对应。

2．封装业务的 JavaBean

在应用开发中，一个封装该类业务逻辑及业务操作的 JavaBean 常称为封装业务的 JavaBean。一般一个封装数据的 JavaBean 会与一个封装该类业务的 JavaBean 相配合使用，如 Student.java 类相对应的封装业务的 JavaBean 可定义为 StudentService.java（名称自取）。

实施过程

1．封装数据的 JavaBean 设计

接下来，以学生信息模块为例来说明封装数据的 JavaBean 设计，步骤如下：

（1）在项目中新建一个包，名为 com.huang.pojo。

（2）在 com.huang.pojo 中新建一个名为 Student 的 Java 类。

（3）在 Student 类中输入与数据库表 t_student 中字段名相对应的属性，内容如下：

```
package com.huang.pojo;

import java.sql.Timestamp;

public class Student {
    private String stuCode;          //学号
    private String classCode;        //班级编号
    private String stuName;          //学生姓名
    private String stuSex;           //性别
    private Timestamp stuBirth;      //出生日期
    private String stuPhone;         //联系电话
    private String stuPic;           //照片
    private String stuEmail;         //Email
}
```

（4）生成 get()或 set()方法。对于属性方法对应的 get()或 set()方法，Eclipse 提供了一个方便、快捷的自动生成方法。即在类体内的空白处右击，选择 Source→Generate Getters and

Setters 选项，如图 7-2 所示。然后在弹出的 Generate Getters and Setters 窗口中选定所需构建的属性，如图 7-3 所示。单击 Generate 按钮即可生成相应的 get()或 set()方法。

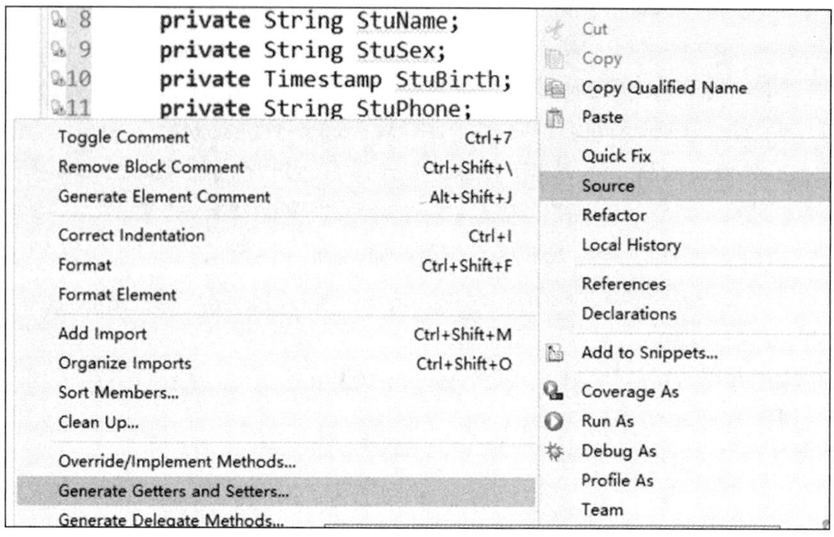

图 7-2 Generate Getters and Setters 选项

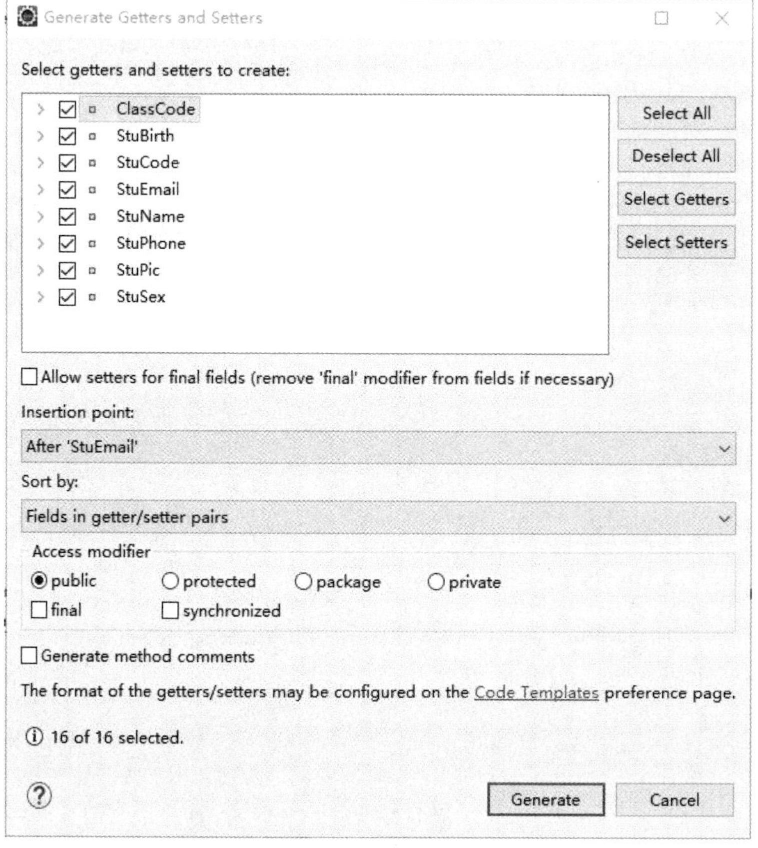

图 7-3 Generate Getters and Setters 窗口

生成 get()或 set()方法后的 Student 类的内容如下：

```
package com.huang.pojo;

import java.sql.Timestamp;

public class Student {
    private String stuCode;          //学号
    private String classCode;        //班级编号
    private String stuName;          //学生姓名
    private String stuSex;           //性别
    private Timestamp stuBirth;  //出生日期
    private String stuPhone;         //联系电话
    private String stuPic;           //照片
    private String stuEmail;         //Email
    public Student() {

    }
    //构造方法
    public Student(String stuCode, String classCode, String stuName, String stuSex, Timestamp stuBirth,
                String stuPhone, String stuPic, String stuEmail) {
        super();
        this.stuCode = stuCode;
        this.classCode = classCode;
        this.stuName = stuName;
        this.stuSex = stuSex;
        this.stuBirth = stuBirth;
        this.stuPhone = stuPhone;
        this.stuPic = stuPic;
        this.stuEmail = stuEmail;
    }
    /**
     * @return  取得学号
     */
    public String getStuCode() {
        return stuCode;
    }
    /**
     * @param  设置学号
     */
    public void setStuCode(String stuCode) {
        this.stuCode = stuCode;
    }
    /**
     * @return  取得班级编号
```

```
     */
    public String getClassCode() {
        return classCode;
    }
    /**
     * @param 设置班级编号
     */
    public void setClassCode(String classCode) {
        this.classCode = classCode;
    }
    /**
     * @return 取得学生姓名
     */
    public String getStuName() {
        return stuName;
    }
    /**
     * @param 设置学生姓名
     */
    public void setStuName(String stuName) {
        this.stuName = stuName;
    }
    /**
     * @return 取得性别
     */
    public String getStuSex() {
        return stuSex;
    }
    /**
     * @param 设置性别
     */
    public void setStuSex(String stuSex) {
        this.stuSex = stuSex;
    }
    /**
     * @return 取得出生日期
     */
    public Timestamp getStuBirth() {
        return stuBirth;
    }
    /**
     * @param 设置出生日期
     */
    public void setStuBirth(Timestamp stuBirth) {
        this.stuBirth = stuBirth;
```

```
    }
    /**
     * @return 取得联系电话
     */
    public String getStuPhone() {
        return stuPhone;
    }
    /**
     * @param 设置联系电话
     */
    public void setStuPhone(String stuPhone) {
        this.stuPhone = stuPhone;
    }
    /**
     * @return 取得照片
     */
    public String getStuPic() {
        return stuPic;
    }
    /**
     * @param 设置照片
     */
    public void setStuPic(String stuPic) {
        this.stuPic = stuPic;
    }
    /**
     * @return 取得 Email
     */
    public String getStuEmail() {
        return stuEmail;
    }
    /**
     * @param 设置 Email
     */
    public void setStuEmail(String stuEmail) {
        this.stuEmail = stuEmail;
    }
}
```

（5）在类体内的空白处右击，选择 Source→Generate Constructor using Fields 选项，如图 7-4 所示。然后在弹出的 Generate Constructor using Fields 窗口中选定所需构建的属性，如图 7-5 所示。单击 Generate 按钮即可生成相应的构造方法。

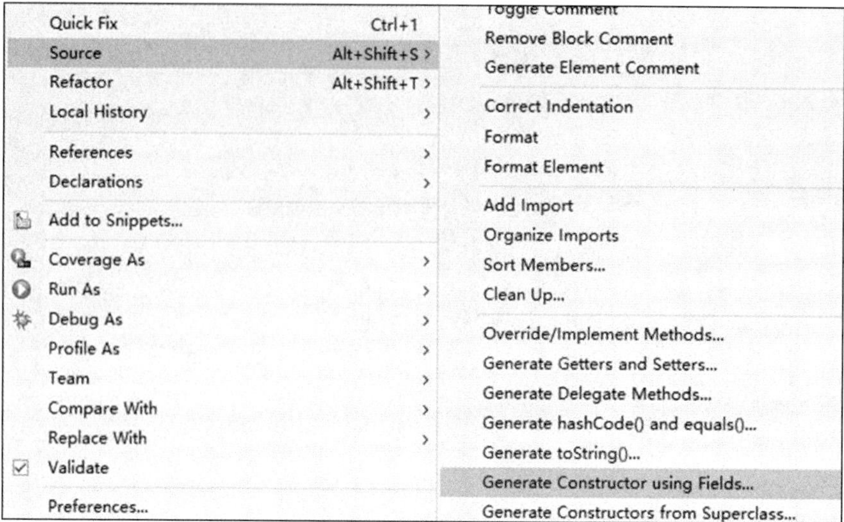

图 7-4 Generate Constructor using Fields 选项

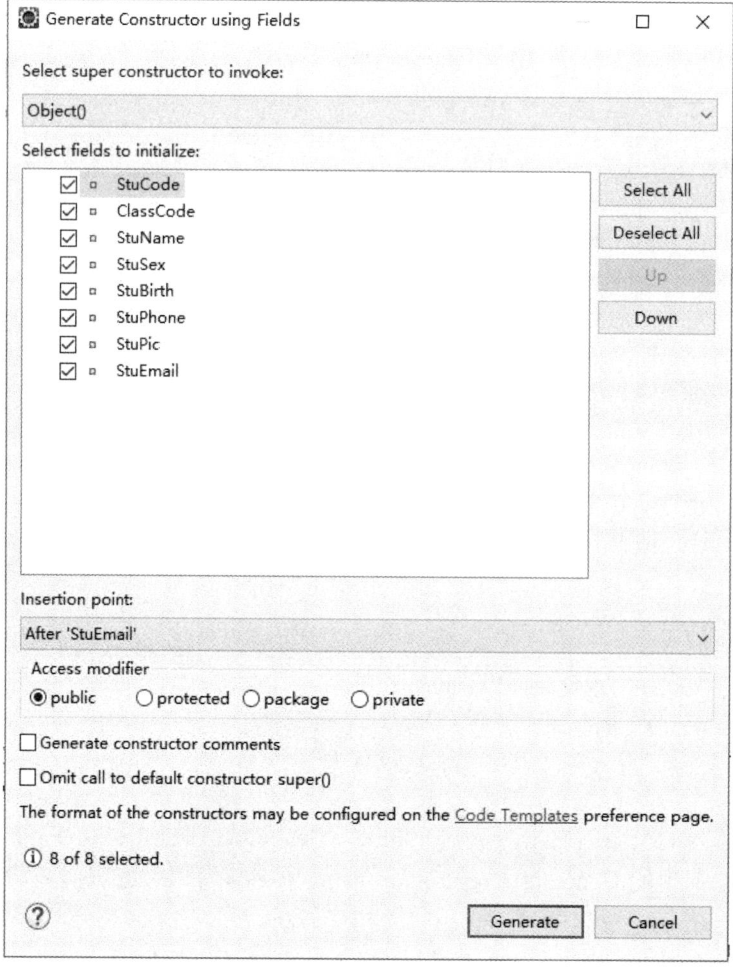

图 7-5 Generate Constructor using Fields 窗口

生成的 Student 类的带参构造方法内容如下：

```
//构造方法
public Student(String stuCode, String classCode, String stuName, String stuSex, Timestamp stuBirth, String stuPhone,
        String stuPic, String stuEmail) {
    super();
    StuCode = stuCode;
    ClassCode = classCode;
    StuName = stuName;
    StuSex = stuSex;
    StuBirth = stuBirth;
    StuPhone = stuPhone;
    StuPic = stuPic;
    StuEmail = stuEmail;
}
```

（6）因学生信息中涉及班级、专业等关联信息，为了能有效获取这些关联信息，可再构建一个含有关联数据的 JavaBean 实体类。因部分属性与 Student 类一样，所以可通过继承的形成来定义这个关联的 JavaBean 实体类。在此将 JavaBean 实体类命名为 StudentView，内容如下：

```
package com.huang.pojo;

import java.sql.Timestamp;

public class StudentView extends Student{
    private String className;    //班级名称
    private String majorCode;    //专业编号
    private String majorName;    //专业名称
    /**
     * @return 班级名称
     */
    public String getClassName() {
        return className;
    }
    /**
     * @param 班级名称
     */
    public void setClassName(String className) {
        this.className = className;
    }
    /**
     * @return 专业编号
     */
    public String getMajorCode() {
        return majorCode;
    }
    /**
     * @param 专业编号
     */
```

```
        public void setMajorCode(String majorCode) {
            this.majorCode = majorCode;
        }
        /**
         * @return 专业名称
         */
        public String getMajorName() {
            return majorName;
        }
        /**
         * @param 专业名称
         */
        public void setMajorName(String majorName) {
            this.majorName = majorName;
        }
    }
```

2. 封装业务的 JavaBean 设计

（1）在项目中新建两个包，分别命名为 com.huang.util 和 com.huang.Service。

（2）在 com.huang.util 中新建一个名为 StuCodeGenerator 的 Java 类。该类为辅助类，用于按规则自动生成学生学号。该类的代码如下：

```
import java.sql.PreparedStatement;
import java.sql.ResultSet;
import java.sql.SQLException;
import java.util.Date;

import com.huang.db.DbConn;

public class StuCodeGenerator {
    private static Date date = new Date();
    private static StringBuilder buf = new StringBuilder();
    private static int seq = 0;
    private static final int ROTATION = 99999;
    /**
     * 根据班级编号获取学号
     * @param pre
     * @return
     * huang
    */
    public static synchronized String nextCode(String pre) {
        String stuCode="";
        //生成 0～100 内的序号
        int temp=getNumber(pre);
        //组合数据，生成学号
        if(temp>0&&temp<10) {
            stuCode=pre+"0"+temp;
        }else if(temp<100&&temp>=0) {
```

```
            stuCode=pre+temp;
        }else {
            stuCode="";
        }
        return stuCode;
    }
    /**
     * 根据班级编号获取序号在 0～100 内的数据
     * @param pre
     * @return
     * huang
    */
    public static int getNumber(String pre) {
        int result=0;
        String sql = "select * from t_number where numpre=?";
        //创建 DbConn 对象
        DbConn dbconn = new DbConn();
        PreparedStatement pstmt = null;
        ResultSet rs=null;
        try {
            //获取数据库连接对象并产生预声明
            pstmt = dbconn.getPreparedStatement(sql);
            pstmt.setString(1, pre);
            rs=pstmt.executeQuery();
            if(rs.next()) {
                result=rs.getInt(2);
            }
            rs.close();
            if(result==0) {
                sql="insert into t_number(num,numpre) values(?,?)";
                result=1;
            }else {
                sql="update t_number set num=? where numpre=?";
                result=result+1;
            }
            pstmt.close();
            pstmt = dbconn.getPreparedStatement(sql);
            pstmt.setInt(1, result);
            pstmt.setNString(2, pre);
            //执行更新
            if (pstmt.executeUpdate() > 0) {
                //取得返回的 userid 值
                return result;
            } else {
                return 0;
            }
```

```
            } catch (SQLException e) {
                e.printStackTrace();
            } finally {
                dbconn.CloseResultSet(rs);
                dbconn.ClosePreparedStatement(pstmt);
                dbconn.CloseConnection();
            }
            return 0;
        }
        /**
         * 生成唯一编码
         * @return
         * huang
        */
        public static synchronized long next() {
            if (seq > ROTATION)
                seq = 0;
            buf.delete(0, buf.length());
            date.setTime(System.currentTimeMillis());
            String str = String.format("%1$tY%1$tm%1$td%1$tk%1$tM%1$tS%2$05d", date, seq++);
            return Long.parseLong(str);
        }
    }
```

（3）在 com.huang.Service 中新建一个名为 StudentService 的 Java 类，因当前业务主要是针对数据的操作，所以在该类中将根据需要完成对应数据库表的增删改查等操作方法，相关代码如下：

```
import java.sql.PreparedStatement;
import java.sql.ResultSet;
import java.sql.SQLException;
import java.sql.Timestamp;
import java.util.ArrayList;
import java.util.List;

import com.huang.db.DbConn;
import com.huang.pojo.Student;
import com.huang.pojo.StudentView;
import com.huang.util.StuCodeGenerator;

/**
*
* 类名称 StudentOpration
* 类描述：
* 创建人：huang
* 创建时间：2020-9-9
*/
public class StudentService {
```

```
/**
 * 更新一个学生信息
 * @param student
 * @return
 * huang
*/
public int SetStudent(Student student) {
    int result=0;
    String stucode=student.getStuCode();
    String sql = "update t_student set classCode=?,stuName=?,stuSex=?,stuBirth=?,stuPhone=?,stuPic=?,
        stuEmail=? where stuCode=?";
    //若学号为空，则进行增加操作
    if (stucode== null||"".equals(stucode)) {
        sql = "insert into t_student(classCode,stuName, stuSex, stuBirth,stuPhone,\r\n" +
                "stuPic,stuEmail,stuCode) values(?,?,?,?,?,?,?,?)";
        stucode=StuCodeGenerator.nextCode(student.getClassCode()); //根据班级编码自动生成一个学号
    }
    //创建 DbConn 对象
    DbConn dbconn = new DbConn();
    PreparedStatement pstmt = null;
    try {
        //获取数据库连接对象并产生预声明
        pstmt = dbconn.getPreparedStatement(sql);
        pstmt.setString(1, student.getClassCode());
        pstmt.setString(2, student.getStuName());
        pstmt.setString(3, student.getStuSex());
        pstmt.setTimestamp(4, student.getStuBirth());
        pstmt.setString(5, student.getStuPhone());
        pstmt.setString(6, student.getStuPic());
        pstmt.setString(7, student.getStuEmail());
        pstmt.setString(8, stucode);
        //执行更新
        result=pstmt.executeUpdate();
    } catch (SQLException e) {
        e.printStackTrace();
    } finally {
        dbconn.ClosePreparedStatement(pstmt);
        dbconn.CloseConnection();
    }
    return result;
}

/**
 * 查询某一个学生信息
 * @return
 * huang
```

```
*/
public Student getStudentByCode(String stuCode){
    String sql="select classCode,stuName, stuSex, stuBirth,stuPhone,stuPic,stuEmail,stuCode from t_
        student where stuCode=?";
    DbConn dbconn=new DbConn();
    PreparedStatement pstmt=null;
    ResultSet rs=null;
    Student stu=null;
    try {
        //获取数据库连接对象并产生预声明
        pstmt=dbconn.getPreparedStatement(sql);
        pstmt.setString(1, stuCode);
        rs=pstmt.executeQuery();
        //声明数组列表，用于转存查询好的数据库数据，以便可提前关闭数据库连接，不再需要
        //在 JSP 页面操作 ResultSet
        if(rs.next()) {
            stu=new Student();
            stu.setClassCode(rs.getString(1));
            stu.setStuName(rs.getString(2));
            stu.setStuSex(rs.getString(3));
            stu.setStuBirth(rs.getTimestamp(4));
            stu.setStuPhone(rs.getString(5));
            stu.setStuPic(rs.getString(6));
            stu.setStuEmail(rs.getString(7));
            stu.setStuCode(rs.getString(8));
        }
    } catch (SQLException e) {
        e.printStackTrace();
    }finally {
        dbconn.CloseResultSet(rs);                    //关闭结果集
        dbconn.ClosePreparedStatement(pstmt);         //关闭声明
        dbconn.CloseConnection();                     //关闭连接
    }
    return stu;
}
/**
 * 查询所有的学生信息
 * @return
 * huang
 */
public List<StudentView> getAllStudent(){
    String sql="select s.classCode,c.classname,s.stuName, s.stuSex, s.stuBirth,s.stuPhone,s.stuPic,
        s.stuEmail,s.stuCode,c.majorcode,m.majorname from t_student s,t_class c,t_major m where
        s.classCode=c.classCode and c.majorcode=m.majorcode";
    DbConn dbconn=new DbConn();
    PreparedStatement pstmt=null;
```

```
        ResultSet rs=null;
        List<StudentView> list=null;
        try {
            //获取数据库连接对象并产生预声明
            pstmt=dbconn.getPreparedStatement(sql);
            rs=pstmt.executeQuery();
            //声明数组列表，用于转存查询好的数据库数据，以便可提前关闭数据库连接，不再
            //需要在 JSP 页面操作 ResultSet
            list=new ArrayList<StudentView>();
            while(rs.next()) {
                StudentView stu=new StudentView();
                stu.setClassCode(rs.getString(1));
                stu.setClassName(rs.getString(2));
                stu.setStuName(rs.getString(3));
                stu.setStuSex(rs.getString(4));
                stu.setStuBirth(rs.getTimestamp(5));
                stu.setStuPhone(rs.getString(6));
                stu.setStuPic(rs.getString(7));
                stu.setStuEmail(rs.getString(8));
                stu.setStuCode(rs.getString(9));
                stu.setMajorCode(rs.getString(10));
                stu.setMajorName(rs.getString(11));

                list.add(stu);   //将每一行数据都加入列表
            }
        } catch (SQLException e) {
            e.printStackTrace();
        }finally {
            dbconn.CloseResultSet(rs);                    //关闭结果集
            dbconn.ClosePreparedStatement(pstmt);         //关闭声明
            dbconn.CloseConnection();                     //关闭连接
        }
        return list;
    }
    /**
     * 删除某个学生信息
     * @param stuCode
     * @return
     * huang
    */
    public int delStudent(String stuCode) {
        int result=0;
        String sql = "delete from t_student where stucode=?";
        //创建 DbConn 对象
        DbConn dbconn = new DbConn();
        PreparedStatement pstmt = null;
```

```
        try {
            //获取数据库连接对象并产生预声明
            pstmt = dbconn.getPreparedStatement(sql);
            pstmt.setString(1, stuCode);
            //执行更新
            result=pstmt.executeUpdate();
        } catch (SQLException e) {
            e.printStackTrace();
        } finally {
            dbconn.ClosePreparedStatement(pstmt);
            dbconn.CloseConnection();
        }
        return result;
    }
}
```

任务 7–2 设计学生信息管理模块的 Servlet 控制程序

设计学生信息管理模块的 Servlet 控制程序

任务目标

能正确构建 MVC 中控制层中的 Servlet 控制程序。

任务要求

完善学生管理系统 StudentPro 项目中的学生信息管理功能模块，并通过 MVC 模式来实现学生信息管理模块。本任务要求编写学生信息管理业务（增加、查询、修改及删除）程序中的 Servlet 控制程序。

实施过程

1. 更新学生信息的 Servlet 程序

（1）在项目中新建一个包，名为 com.huang.servlet.student。

（2）在 com.huang.servlet.student 中新建一个名为 AddStudent 的 Java 类。该类的映射路径注解内容为@WebServlet("/AddStudent")，对应的 doGet()方法内容如下：

```
response.setContentType("text/html; charset=utf-8");
PrintWriter out = response.getWriter();
request.setCharacterEncoding("utf-8");
String stuName = request.getParameter("stuName");
String stuCode = request.getParameter("stuCode");
String stuSex = request.getParameter("stuSex");
String stuEmail = request.getParameter("stuEmail");
String stuPic = request.getParameter("stuPic");
String stuPhone = request.getParameter("stuPhone");
String stuBirth = request.getParameter("stuBirth");
System.out.println(stuBirth);
```

```
String classCode = request.getParameter("classCode");
SimpleDateFormat df = new SimpleDateFormat("yyyy-MM-dd HH:mm:ss");
stuBirth = df.format(Date.valueOf(stuBirth));
Student student = new Student(stuCode, classCode, stuName, stuSex, Timestamp.valueOf(stuBirth), stuPhone,
        stuPic, stuEmail);
StudentService stuopration = new StudentService();
String tempstr = "增加";
if (stuCode != null)
    tempstr = "修改";
int result = stuopration.SetStudent(student);
if (result > 0) {
    //取得返回的 userid 值
    out.println("<script>alert('" + tempstr + "成功！');</script>");
    out.println("<a href='sysstu/man_stu.jsp'>转向管理页面</a>");
    out.println("<a href='sysstu/add_stu.jsp'>转向增加页面</a>");
} else {
    out.println("<script>alert('" + tempstr + "失败！')</script>");
}
```

2. 查询所有学生信息的 Servlet 程序

在 com.huang.servlet.student 包中新建一个名为 SelStudent 的 Java 类。该类的映射路径注解内容为@WebServlet("/SelStudent")，对应的 doGet()方法内容如下：

```
response.setContentType("text/html; charset=utf-8");        //响应数据编码设定
    request.setCharacterEncoding("utf-8");                  //请求数据编码设定
    StudentService stuopration = new StudentService();
    List<StudentView> allStudent = stuopration.getAllStudent();
    //将获取的数据列表传给关键字为 USERS 的 request 对象
    request.setAttribute("STUDENTS", allStudent);
    //将 request 对象传递给 man_stu.jsp 页面，即转发请求，在 man_stu.jsp 页面可获取当前 request 对象
    request.getRequestDispatcher("/sysstu/man_stu.jsp").forward(request, response);
```

3. 获取某个学生信息的 Servlet 程序

在 com.huang.servlet.student 包中新建一个名为 ToModStudent 的 Java 类，该操作主要完成查询某一学生信息，根据情况转向修改或查询个人信息详情页面。该类的映射路径注解内容为@WebServlet("/ToModStudent")，对应的 doGet()方法内容如下：

```
response.setContentType("text/html; charset=utf-8");        //响应数据编码设定
request.setCharacterEncoding("utf-8");                      //请求数据编码设定
String stuCode = request.getParameter("stuCode");
String classCode = request.getParameter("classCode");
StudentService stuopration=new StudentService();
//将获取的数据传给关键字为 STU_INFO 的 request 对象
Student student= stuopration.getStudentByCode(stuCode);
request.setAttribute("STU_INFO", student);
//若 classCode 为空，则将 request 对象传递给 view_stu.jsp 页面，若不为空则将 request 对象传递给
//mod_stu.jsp 页面
if(classCode==null||classCode.equals("")) {
    request.getRequestDispatcher("sysstu/view_stu.jsp").forward(request, response);
}else {
```

```
        request.getRequestDispatcher("sysstu/mod_stu.jsp").forward(request, response);
}
```

4. 删除某一学生信息的Servlet程序

在com.huang.servlet.student包中新建一个名为DelStudent的Java类。该类的映射路径注解内容为@WebServlet("/DelStudent")，对应的doGet()方法内容如下：

```
response.setContentType("text/html; charset=utf-8");        //响应数据编码设定
PrintWriter out = response.getWriter();
request.setCharacterEncoding("utf-8");                      //请求数据编码设定
String stuCode = request.getParameter("stuCode");
StudentService stuopration=new StudentService();

if (stuopration.delStudent(stuCode)>0) {
        //取得返回的userid值
        out.println("<script>alert('删除成功！');</script>");
        out.println("<a href='sysstu/man_stu.jsp'>转向管理页面</a>");
} else {
        out.println("<script>alert('删除失败！')</script>");
}
```

任务7–3　设计学生信息管理模块的JSP页面

设计学生信息管理模块的JSP页面

任务目标

能正确构建MVC中的视图页面程序。

任务要求

完善学生管理系统StudentPro项目中的学生信息管理功能模块，并通过MVC模式来实现学生信息管理模块。本任务要求编写学生信息管理业务（增加、查询、修改及删除）程序中的视图层相关页面程序。

实施过程

1. 增加学生信息页面的设计

在WebContent下的sysstu文件夹中新建一个JSP页面add_stu.jsp，内容如下：

```
<%@ page language="java" contentType="text/html; charset=UTF-8"
        pageEncoding="UTF-8"%>
<%@ page import="java.sql.PreparedStatement"%>
<%@ page import="java.sql.ResultSet"%>
<%@ page import="com.huang.db.*"%>
<!DOCTYPE html>
<html>
<head>
<meta charset="UTF-8">
```

```
<title>增加用户学生</title>
<script type="text/javascript">
    function checkStuName() {
        if (form1.stuName.value == null || form1.stuName.value == "") {
            alert("用户名信息不能为空，请输入！");
            return false;
        }  else
            return true;
    }
</script>
<body>
<!-- 注意 action 属性值为../UserServlet，当前为相对路径 -->
    <form name="form1" method="post" action="../AddStudent">
        学生学号：<input type="text" name="stuCode" readonly="readonly" /></br>
        学生姓名：<input type="text" name="stuName" /></br>
        学生性别：<input id="rad" type="radio" name="stuSex" value="男" />
    <label for="rad">男</label><input id="rad" type="radio" checked name="stuSex" value="女"/>
    <label for="rad">女</label></br>
        出生日期：<input type="date" name="stuBirth" /></br>
        联系电话：<input type="text" name="stuPhone" /></br>
        Email：<input type="text" name="stuEmail" /></br>
        个人照片：<input type="text" name="stuPic" /></br>
        所在班级：<select name="classCode">
            <%
                String sql = "select classcode,classname from t_class";
                //创建数据库连接
                DbConn dbconn = new DbConn();
                //获取声明 PreparedStatement
                PreparedStatement pstmt = dbconn.getPreparedStatement(sql);
                //得到所有的模块数据
                ResultSet rs = pstmt.executeQuery();
                //循环读取数据库记录
                while (rs.next()) {
            %>
            <option value="<%=rs.getString(1)%>"><%=rs.getString(2)%></option>
            <%
                }
            rs.close();
            dbconn.ClosePreparedStatement(pstmt);    //关闭声明
            dbconn.CloseConnection();                //关闭连接
            %>
        </select> </br> <input type="submit" value="确定" onclick="return checkStuName()" />
    </form>
</body>
</html>
```

启动 Tomcat，该页面的执行结果如图 7-6 所示。

图 7-6　增加学生信息页面

2. 查询所有学生信息页面的设计

在 WebContent 下的 sysstu 文件夹中新建一个 JSP 页面 man_stu.jsp，内容如下：

```
<%@ page language="java" contentType="text/html; charset=UTF-8"
    pageEncoding="UTF-8"%>
<%@ page import="java.util.*"%>
<%@ page import="com.huang.pojo.*"%>
<!DOCTYPE html>
<html>
<head>
<meta charset="UTF-8">
<title>学生信息模块</title>
<link rel="stylesheet" href="css/mytable.css" type="text/css">
</head>
<body>
    <div style="text-align: left; padding-left:10%">
            <a href="sysstu/add_stu.jsp">增加学生</a>
    </div>
    <div style="text-align: center;">

        <table>
            <tr height="40px">
                <td width="15%">学生学号</td>
                <td width="15%">学生姓名</td>
                <td width="30%">所在班级</td>
                <td width="20%">联系电话</td>
                <td width="20%">出生日期</td>
                <td>操作</td>
            </tr>
    <%
    List stulist=(List)request.getAttribute("STUDENTS");
    //循环读取数据库记录
    if(stulist!=null){
    for(int i=0;i<stulist.size();i++){
```

```
            StudentView stu=(StudentView)stulist.get(i);
    %>
            <tr height="40px">
                <td width="15%"><%=stu.getStuCode() %></td>
                <td width="15%"><%=stu.getStuName() %></td>
                <td width="30%"><%=stu.getClassName() %></td>
                <td width="20%"><%=stu.getStuPhone() %></td>
                <td width="20%"><%=stu.getStuBirth() %></td>
                <td><a href="ToModStudent?stuCode=<%=stu.getStuCode() %>&classCode=<%
                  =stu.getClassCode() %>">修改</a>    <!--    为空格-->
                <a href="DelStudent?stuCode=<%=stu.getStuCode() %>">删除</a>   
                     <!--    为空格-->
                <a href="ToModStudent?stuCode=<%=stu.getStuCode() %>">查看</a></td>
            </tr>
      <%
      }
      }else{
            request.getRequestDispatcher("/SelStudent").forward(request, response);
      }
      %>
            </table>
      </div>
  </body>
  </html>
```

启动 Tomcat，该页面的执行结果如图 7-7 所示。

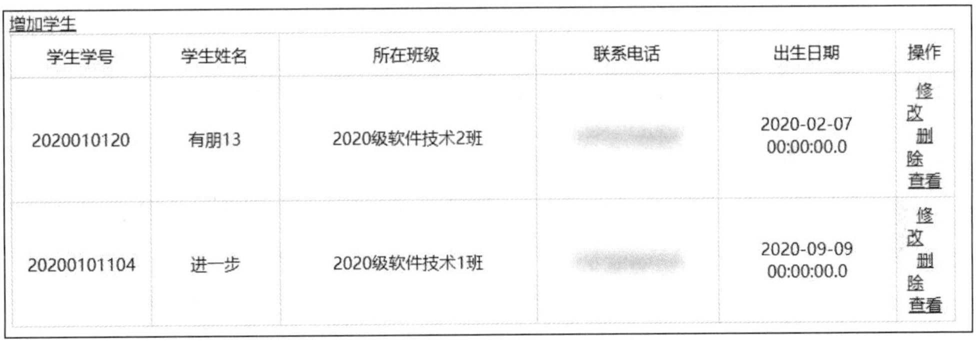

增加学生

学生学号	学生姓名	所在班级	联系电话	出生日期	操作
2020010120	有朋13	2020级软件技术2班		2020-02-07 00:00:00.0	修改 删除 查看
20200101104	进一步	2020级软件技术1班		2020-09-09 00:00:00.0	修改 删除 查看

图 7-7　查询学生信息页面

3. 修改学生信息页面的设计

在 WebContent 下的 sysstu 文件夹中新建一个 JSP 页面 mod_stu.jsp，内容如下：

```
<%@ page language="java" contentType="text/html; charset=UTF-8"
    pageEncoding="UTF-8"%>
<%@ page import="java.sql.PreparedStatement"%>
<%@ page import="java.sql.ResultSet"%>
<%@ page import="com.huang.db.*"%>
<%@ page import="com.huang.pojo.*"%>
<%@ page import="java.text.*" %>
```

```
<!DOCTYPE html>
<html>
<head>
<meta charset="UTF-8">
<title>修改用户学生</title>
</head>
<script type="text/javascript">
    function checkStuName() {
        if (form1.stuName.value == null || form1.stuName.value == "") {
            alert("用户名信息不能为空，请输入！");
            return false;
        } else
            return true;
    }
</script>
<body>
    <%
        Student student = (Student) request.getAttribute("STU_INFO");
        String classCode = request.getParameter("classCode");
        SimpleDateFormat ft = new SimpleDateFormat ("yyyy-MM-dd");
        String stubirth=ft.format(student.getStuBirth());
    %>
    <!-- 注意 action 属性值为../UserServlet，当前为相对路径 -->
    <form name="form1" method="post" action="AddStudent">
        学生学号：<input type="text" name="stuCode" readonly="readonly" value="<%
          =student.getStuCode()%>"/></br>
        学生姓名：<input type="text" name="stuName" value="<%=student.getStuName()%>"/></br>
        学生性别：<input id="rad" type="radio" name="stuSex"   value="男" <%=
          student.getStuSex().equals("男")?"checked":""%>/> <label for="rad">男</label><input id="rad"
            type="radio" checked name="stuSex"   value="女" <%=student.getStuSex().equals("女")?
                "checked":""%>/> <label for="rad">女</label></br>
        出生日期：<input type="date" name="stuBirth"   value="<%=stubirth%>"/></br>
        联系电话：<input type="text" name="stuPhone"   value="<%
                        =student.getStuPhone()%>"/></br>
        Email：<input type="text" name="stuEmail"   value="<%=student.getStuEmail()%>"/></br>
        个人照片：<input type="text" name="stuPic"   value="<%=student.getStuPic()%>"/></br>
        所在班级：<select name="classCode">
            <%
                String sql = "select classcode,classname from t_class";
            //创建数据库连接
            DbConn dbconn = new DbConn();
            //获取声明 PreparedStatement
            PreparedStatement pstmt = dbconn.getPreparedStatement(sql);
            //得到所有的模块数据
            ResultSet rs = pstmt.executeQuery();
            //循环读取数据库记录
```

```
            while (rs.next()) {
                if (rs.getString(1).equals(classCode)) {
            %>
            <option value="<%=rs.getString(1)%>" selected="selected"><%=rs.getString(2)%></option>
            <%
                } else {
            %>
            <option value="<%=rs.getString(1)%>"><%=rs.getString(2)%></option>
            <%
                }
            }
            rs.close();
            dbconn.ClosePreparedStatement(pstmt);     //关闭声明
            dbconn.CloseConnection();                 //关闭连接
            %>
        </select> </br> <input type="submit" value="确定" onclick="return checkStuName()" />
    </form>
</body>
</html>
```

启动 Tomcat，执行结果如图 7-8 所示。

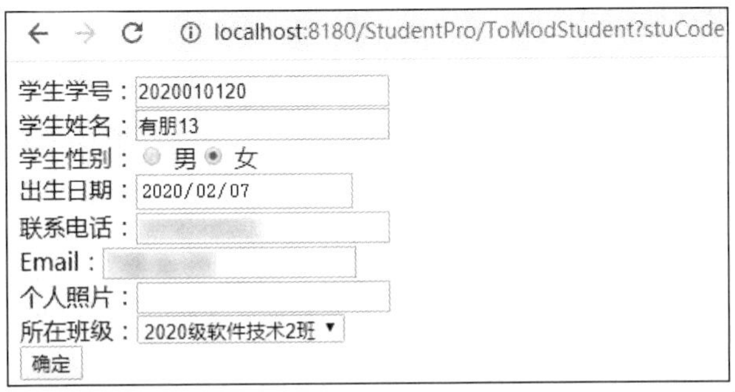

图 7-8　修改学生信息页面

4. 查询某个学生信息详情页面的设计

在 WebContent 下的 sysstu 文件夹中新建一个 JSP 页面 view_stu.jsp，内容如下：

```
<%@ page language="java" contentType="text/html; charset=UTF-8"
    pageEncoding="UTF-8"%>
<%@ page import="com.huang.pojo.*"%>
<%@ page import="java.text.*" %>
<!DOCTYPE html>
<html>
<head>
<meta charset="UTF-8">
<title>查看用户学生</title>
</head>
<body>
    <jsp:useBean id="STU_INFO" class="com.huang.pojo.Student" scope="request"/>
```

```
        学生学号：<jsp:getProperty property="stuCode" name="STU_INFO"/><br>
        学生姓名：<jsp:getProperty property="stuName" name="STU_INFO"/><br>
        学生性别：<jsp:getProperty property="stuSex" name="STU_INFO"/><br>
        学生电话：<jsp:getProperty property="stuPhone" name="STU_INFO"/><br>
        出生日期：<jsp:getProperty property="stuBirth" name="STU_INFO"/><br>
        <!-- 以下示例为直接设置值，未从数据库提取 -->
        <jsp:useBean id="stuView" class="com.huang.pojo.StudentView" scope="page"/>
        <jsp:setProperty property="className" name="stuView" value="2020 级软件技术 2 班"/>
        <jsp:setProperty property="majorName" name="stuView" value="软件技术"/>
        所在班级：<jsp:getProperty property="className" name="stuView"/><br>
        主修专业：<jsp:getProperty property="majorName" name="stuView"/><br>
    </body>
    </html>
```

启动 Tomcat，执行结果如图 7-9 所示。

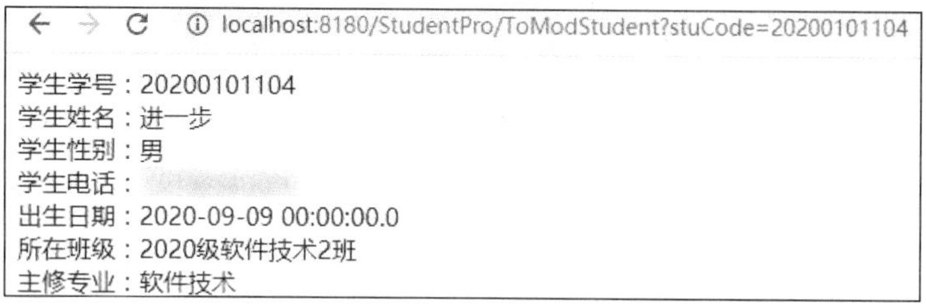

localhost:8180/StudentPro/ToModStudent?stuCode=20200101104

学生学号：20200101104
学生姓名：进一步
学生性别：男
学生电话：
出生日期：2020-09-09 00:00:00.0
所在班级：2020级软件技术2班
主修专业：软件技术

图 7-9　查询某个学生信息详情页面

知识解析：JSP 标准动作与 JavaBean

在应用中，若 JSP 页面中存在大量的 Java 代码，对一个 Web 前端开发人员来说不易进行页面美化，对程序的维护来说也不容易开展。为此，可利用 JSP 提供的标准动作来简化前端页面 Java 程序。

在本任务案例的 JSP 程序中使用到操作 JavaBean 的三个标准动作：<jsp:useBean>、<jsp:getProperty>、<jsp:setProperty>。<jsp:useBean>为定义并使用一个 JaveBean 实例；<jsp:getProperty>用于从一个 JavaBean 中获取一个属性值，并将其加入响应；<jsp:setProperty>用于设置一个 JavaBean 中的属性值。这三个 JSP 的标准动作常常配合使用。

<jsp:useBean> 标签可以在 JSP 中声明一个 JavaBean，然后使用。声明后，JavaBean 对象就成了脚本变量，可以通过脚本元素或其他自定义标签来访问。如在案例中的 id 属性值 STU_INFO 表示定义了实例对象，后继即可用 STU_INFO 来访问相关内容。<jsp:useBean> 标签的语法格式如下：

```
<jsp:useBean id="bean 的名字" scope="bean 的作用域" typeSpec/>
```

其中，根据具体情况，scope 的值可以是 page、request、session 或 application。id 值可任意选取，只要不和同一 JSP 文件中其他 <jsp:useBean> 中 id 值一样就行了。

在<jsp:useBean>标签主体中使用<jsp:getProperty/>标签来调用 getter()方法，使用<jsp:setProperty/>标签来调用 setter()方法，语法格式如下：

```
<jsp:useBean id="id" class="bean 编译的类" scope="bean 作用域">
<jsp:setProperty name="bean 的 id" property="属性名" value="value"/>
```

```
<jsp:getProperty name="bean 的 id" property="属性名"/>
    ....
</jsp:useBean>
```

其中，name 属性指的是 Bean 的 id 属性；property 属性指的是想要调用的 getter()或 setter()方法。

接下来给出使用以上语法进行属性访问的一个简单例子：

```
<%@ page language="java" contentType="text/html; charset=UTF-8"
    pageEncoding="UTF-8"%>
<html>
<head>
<title>JavaBean 属性实例</title>
</head>
<body>

<jsp:useBean id="stuView" class="com.huang.pojo.StudentView" scope="page"/>
<jsp:setProperty property="className" name="stuView" value="2020 级软件技术 2 班"/>
<jsp:setProperty property="majorName" name="stuView" value="软件技术"/>
所在班级：<jsp:getProperty property="className" name="stuView"/><br>
主修专业：<jsp:getProperty property="majorName" name="stuView"/><br>
</body>
</html>
```

访问以上 JSP，运行结果如图 7-10 所示。

所在班级：2020级软件技术2班
主修专业：软件技术

图 7-10　JavaBean 属性实例运行结果

在实际应用中，可通过 Servlet 返回 JavaBean 对象，然后在视图页面获取相关数据。如本任务中的 STU_INFO 即为 Servlet 返回 JavaBean 对象，<jsp:getProperty>中的 property 属性值务必与 JavaBean 中的属性名字保持一致。

```
<jsp:useBean id="STU_INFO" class="com.huang.pojo.Student" scope="request"/>
学生学号：<jsp:getProperty property="stuCode" name="STU_INFO"/><br>
…
```

注意：<jsp:useBean>的 id 属性值务必与 Servlet 中 request 请求转发的属性名称一致，如本样例在相应的 Servlet 程序中设置属性标志名称为 STU_INFO，那在对应的 JSP 页面也得用这个名称。<jsp:useBean>中设置 id 属性值的作用相当于声明了一个 Student 类的对象，即

```
Student STU_INFO=new Student();
```

<jsp:useBean>的 scope 属性用于指定相关量值的作用范围，与 JSP 四个作用域一致，分别为 page、request、session、application（默认为 page 属性）。

（1）page：生命周期是从创建对象开始到本页执行结束的过程。当下次执行本页时（如刷新操作）将被重新创建，执行结束后这个对象所占的资源被释放。

（2）request：生命周期是从创建对象开始到本次请求结束，和 page 的作用相似，都会在下次执行的时候被重新创建。

（3）session：生命周期是创建对象开始到本次会话结束，当重新启动浏览器时才会被重新创建。

（4）application：生命周期是服务器停止间的时间，只有重新启动 Tomcat 服务器的时候才会被重新创建。

若本示例把 scope 属性值改为 page，则相关数据无法被取得。

任务 7–4　优化通用数据访问类的设计

优化通用数据访问类的设计

任务目标

能获取配置文件的数据库信息，并优化数据库访问程序。

任务要求

完善学生管理系统 StudentPro 项目中的数据库访问程序。在前面的项目中，已经建立了数据库访问程序类 DbConn，但相关的数据库连接信息写在程序内部，很多操作方法封装性也不够，在使用、部署运维中有很多不便。为解决这个问题，本任务将要求通过获取配置文件的数据库信息来优化数据库访问程序。

实施过程

（1）在 src 文件夹下新建一个 jdbc.properties 文件，并将以下数据库连接信息放到该文件中。

```
driver=com.mysql.cj.jdbc.Driver
url=jdbc:mysql://localhost:3308/students?useSSL=false&serverTimezone=Asia/Shanghai&useUnicode=true&characterEncoding=UTF8
user=root
password=mysql123
```

（2）在 com.huang.db 的包中，新建一个 DBHelper 类，该类的完整代码如下：

```
package com.huang.db;

import java.io.File;
import java.io.FileInputStream;
import java.lang.reflect.Constructor;
import java.lang.reflect.Field;
import java.sql.Connection;
import java.sql.DriverManager;
import java.sql.PreparedStatement;
import java.sql.ResultSet;
import java.sql.SQLException;
import java.sql.Statement;
import java.util.ArrayList;
import java.util.List;
import java.util.Properties;
```

```
public class DBHelper {
    private static Properties p = new Properties();
    //静态代码块在类被加载时就会加载
    static {
        //加载配置文件
        try {
            p.load(new FileInputStream(new File("src/jdbc.properties")));
            //加载驱动
            Class.forName(p.getProperty("driver"));
        } catch (Exception e) {
            e.printStackTrace();
        }
    }

    //禁止 new 对象
    private DBHelper() {
    }

    /**
     * 获取连接
     * @return
     * @throws Exception
     */
    public static Connection getConnection() throws Exception {
        Connection conn = null;
        conn = DriverManager.getConnection(p.getProperty("url"), p.getProperty("user"), p.getProperty("password"));
        return conn;
    }

    /**
     * 功能：根据指定的 SQL 语句查询数据
     *
     * @param sql
     * @return
     */
    public static ResultSet query(String sql) {
        Connection connection = null;
        Statement stmt = null;
        ResultSet rs = null;
        try {
            connection = getConnection();   //获取数据库连接
            //创建 Statement 对象
            stmt = connection.createStatement(ResultSet.TYPE_SCROLL_INSENSITIVE,
                    ResultSet.CONCUR_READ_ONLY);
            rs = stmt.executeQuery(sql);    //执行 SQL 查询语句
        } catch (Exception ex) {                //处理异常
```

```
            ex.printStackTrace();               //输出异常信息
        } finally {
            close(connection, stmt, rs);
        }

        return rs;  //返回查询结果
    }


    /**
     *  单记录查询
     * @param <T>
     * @param sql
     * @param clazz
     * @param args
     * @return
     */
    public static <T> T query(String sql, Class<T> clazz, String... args) {
        T obj = null;
        Connection connection = null;
        PreparedStatement pst = null;
        ResultSet result = null;
        try {
            Constructor<T> cons = clazz.getConstructor();
            obj = cons.newInstance();           //创建数据实体

            connection = getConnection();  //获取数据库连接
            pst = connection.prepareStatement(sql);
            //设置占位符
            if (args.length != 0) {
                for (int i = 1; i <= args.length; i++) {
                    pst.setObject(i, args[i - 1]);
                }
            }
            result = pst.executeQuery();
            if (result.next()) {
                //查询到值则给属性赋值
                //获取所有本类属性的名称
                Field[] names = clazz.getDeclaredFields();
                for (Field field : names) {
                    field.setAccessible(true);
                    field.set(obj, result.getObject(field.getName()));
                }
            } else {
                //没查询到值则返回 null
                obj = null;
```

```
            }
        } catch (Exception e) {
            e.printStackTrace();
        } finally {
            close(connection, pst, result);
        }
        return obj;
    }

    /**
     *    多记录查询
     * @param <T>
     * @param sql
     * @param clazz
     * @param args
     * @return
     */
    public static <T> List<T> queryList(String sql, Class<T> clazz, String... args) {
        List<T> list = new ArrayList<>();
        T obj = null;
        Connection connection = null;
        PreparedStatement pst = null;
        ResultSet result = null;
        try {
            Constructor<T> cons = clazz.getConstructor();

            connection = getConnection();   //获取数据库连接
            pst = connection.prepareStatement(sql);
            //设置占位符
            if (args.length != 0) {
                for (int i = 1; i <= args.length; i++) {
                    pst.setObject(i, args[i - 1]);
                }
            }
            result = pst.executeQuery();

            //获取所有本类属性的名称
            Field[] names = clazz.getDeclaredFields();
            while (result.next()) {
                obj = cons.newInstance();
                for (Field field : names) {
                    field.setAccessible(true);
                    field.set(obj, result.getObject(field.getName()));
                }
                list.add(obj);   //将查询出的数据装进 List 容器
            }
```

```
        } catch (Exception e) {
            e.printStackTrace();
        } finally {
            close(connection, pst, result);
        }
        return list;
    }


    /**
     * 执行更新和删除等操作
     * @param sql
     * @param args
     * @return
     */
    public static int update(String sql, String... args) {
        int res = 0;  //影响的记录行数
        Connection connection = null;
        PreparedStatement pst = null;
        try {
            //获取数据库连接
            connection = getConnection();
            //创建用于执行 SQL 语句的 Statement 对象
            pst = connection.prepareStatement(sql);
            //设置占位符
            if (args.length != 0) {
                for (int i = 1; i <= args.length; i++) {
                    pst.setObject(i, args[i - 1]);
                }
            }
            res = pst.executeUpdate();

        } catch (Exception e) {
            res = 0;
            e.printStackTrace();
        } finally {
            close(connection, pst, null);
        }
        return res;
    }

    /**
     * 释放资源
     * @param conn
     * @param pst
     * @param res
     */
```

```
    public static void close(Connection conn, Statement pst, ResultSet res) {
        try {
            if (res != null) {
                res.close();
            }
        } catch (SQLException e) {
            e.printStackTrace();
        }
        try {
            if (pst != null) {
                pst.close();
            }
        } catch (SQLException e) {
            e.printStackTrace();
        }
        try {
            if (conn != null) {
                conn.close();
            }
        } catch (SQLException e) {
            e.printStackTrace();
        }
    }
}
```

（3）下面创建一个测试类，演示如何使用 DBHelper，其运行结果如图 7-11 所示。可以看出，该 DBHelper 类的封装性比原来的 DbConn 类更强，使用更加便捷。学生管理系统的相关功能模块的程序设计，可根据本测试类的使用方法自行更新，在此就不一一陈述了。

```
package com.huang.db;

import com.huang.pojo.Student;

public class TestDbHelper {
    public static void main(String[] args) {
        Student stu=null;
        stu=DBHelper.query("SELECT * FROM t_student WHERE ClassCode =?", Student.class, new
            String[]{"202001011"});    //202001011 数据要在数据库中存在
        if(stu!=null) {
            System.out.println("姓名："+stu.getStuName());
            System.out.println("性别："+stu.getStuSex());
            System.out.println("邮箱："+stu.getStuEmail());
        }
    }
}
```

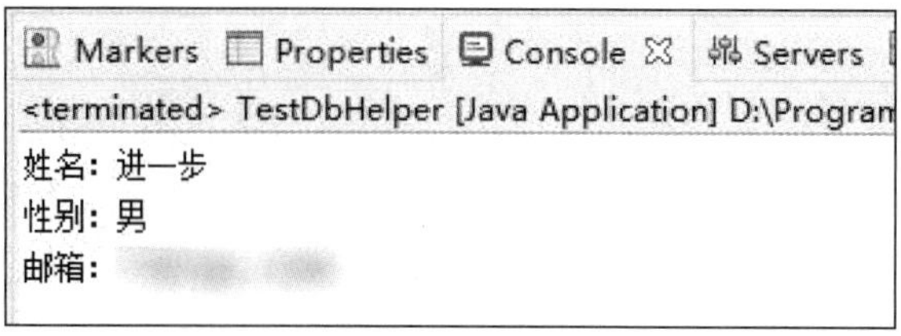

Markers Properties Console Servers
<terminated> TestDbHelper [Java Application] D:\Progran
姓名：进一步
性别：男
邮箱：

图 7-11 DBHelper 测试类结果

知识解析：通用数据访问类

在应用程序的设计中，数据库的访问是必不可少的，经常需要对数据进行增、删、改、查等操作，这一系列的操作代码十分烦琐且每次对数据库进行操作时都要重复编写此类代码。为了有效地减少此类代码的重复工作量，提高程序的书写效率及系统的安全性。在应用开发中，通常将对数据库的访问集中起来，封装成通用的数据库访问类，以保证良好的维护性。

本任务创建一个名为DBHelper的类，以实现这些功能。DBHelper对外的接口都设计为静态方法的方式，以方便直接调用而不用创建实例。首先将其构造方法重写为私有，以防止外部被创建实例，代码如下：

```
private DBHelper() {
}
```

1. 加载数据库配置

将数据库连接信息放到外部的 jdbc.properties 文件中，方便修改，并使用 Properties 类进行管理。以下是读取配置、加载数据库驱动的代码：

```
private static Properties p = new Properties();
//静态代码块在类被加载时就会加载
static {
    //加载配置文件
    try {
        p.load(new FileInputStream(new File("src/jdbc.properties")));
        //加载驱动
        Class.forName(p.getProperty("driver"));
    } catch (Exception e) {
        e.printStackTrace();
    }
}
```

2. 数据库连接管理

前面的代码中，属性类Properties已经从文件中读取了数据库配置，在此需将其保存的连接地址（url）、数据库用户名（user）、数据库密码（password）等信息传给驱动管理器（DriverManager），然后获取连接。

```
/**
 * 获取连接
 * @return
 * @throws Exception
 */
public static Connection getConnection() throws Exception {
```

```
        Connection conn = null;
        conn = DriverManager.getConnection(p.getProperty("url"), p.getProperty("user"), p.getProperty("password"));
        return conn;
    }
```

数据库操作结束后，需要将数据集（ResultSet）、声明（Statement）、连接（Connection）等资源释放，并将其放入同一个方法中操作。当然，并不是每一个数据库操作都需要使用数据集，因此在释放之前，需要先判断资源是否为空，避免产生空指针错误。

```
    /**
     *  释放资源
     * @param conn
     * @param pst
     * @param res
     */
    public static void close(Connection conn, Statement pst, ResultSet res) {
        try {
            if (res != null) {
                res.close();
            }
        } catch (SQLException e) {
            e.printStackTrace();
        }
        try {
            if (pst != null) {
                pst.close();
            }
        } catch (SQLException e) {
            e.printStackTrace();
        }
        try {
            if (conn != null) {
                conn.close();
            }
        } catch (SQLException e) {
            e.printStackTrace();
        }
    }
```

3. 查询操作

查询操作是应用程序开发中使用最频繁的操作，为了适应更多的查询场景，在此设计了 3 种查询方式。

（1）ResultSet 方式的查询。ResultSet 方式传入 SQL 语句、返回 ResultSet，这个方法是适用性最强的，可以在后面两种方法无法满足（如需要查询多个实体，或者没有对应的实体）的场景下使用。

```
    /**
     * 根据指定的 SQL 语句查询数据
     *
```

```
     * @param sql
     * @return
     */
    public static ResultSet query(String sql) {
        Connection connection = null;
        Statement stmt = null;
        ResultSet rs = null;
        try {
            connection = getConnection();          //获取数据库连接
            //创建 Statement 对象
            stmt = connection.createStatement(ResultSet.TYPE_SCROLL_INSENSITIVE,
                    ResultSet.CONCUR_READ_ONLY);
            rs = stmt.executeQuery(sql);            //执行 SQL 查询语句

        } catch (Exception ex) {        //处理异常
            ex.printStackTrace();      //输出异常信息
        } finally {
            close(connection, stmt, rs);
        }
        return rs;                     //返回查询结果
    }
```

（2）单实体查询。如果要查询单个信息实体，可以采用单实体查询方法。该方法中的三个参数分别用于传入 SQL 语句、对应实体类、SQL 对应参数，其中，对应实体类处使用了泛型以兼容所有实体类，SQL 语句对应参数处，以解决每个查询的参数数量不一的问题。

```
    /**
     *  单实体查询
     * @param <T>
     * @param sql
     * @param clazz
     * @param args
     * @return
     */
    public static <T> T query(String sql, Class<T> clazz, Object[] args) {
        T obj = null;
        Connection connection = null;
        PreparedStatement pst = null;
        ResultSet result = null;
        try {
            Constructor<T> cons = clazz.getConstructor();
            obj = cons.newInstance();                 //创建数据实体

            connection = getConnection();          //获取数据库连接
            pst = connection.prepareStatement(sql);
            //设置占位符
            if (args.length != 0) {
                for (int i = 1; i <= args.length; i++) {
```

```
                pst.setObject(i, args[i - 1]);
            }
        }
        result = pst.executeQuery();
        if (result.next()) {
            //查询到值则给属性赋值
            //获取所有本类属性的名称
            Field[] names = clazz.getDeclaredFields();
            for (Field field : names) {
                field.setAccessible(true);
                field.set(obj, result.getObject(field.getName()));
            }
        } else {
            //若没查询到值则返回 null
            obj = null;
        }
    } catch (Exception e) {
        e.printStackTrace();
    } finally {
        close(connection, pst, result);
    }
    return obj;
}
```

（3）多实体查询。多实体查询即查询数据列表，获取数据库的多行记录。在该方法中使用了泛型 List 容器存放查询结果。

```
/**
 * 多实体查询
 * @param <T>
 * @param sql
 * @param clazz
 * @param args
 * @return
 */
public static <T> List<T> queryList(String sql, Class<T> clazz, String... args) {
  List<T> list = new ArrayList<>();
  T obj = null;
  Connection connection = null;
  PreparedStatement pst = null;
  ResultSet result = null;
  try {
        Constructor<T> cons = clazz.getConstructor();

        connection = getConnection();   //获取数据库连接
        pst = connection.prepareStatement(sql);
        //设置占位符
        if (args.length != 0) {
```

```
                for (int i = 1; i <= args.length; i++) {
                    pst.setObject(i, args[i - 1]);
                }
            }
            result = pst.executeQuery();

            //获取所有本类属性的名称
            Field[] names = clazz.getDeclaredFields();
            while (result.next()) {
                obj = cons.newInstance();
                for (Field field : names) {
                    field.setAccessible(true);
                    field.set(obj, result.getObject(field.getName()));
                }
                list.add(obj);    //将查询出的数据装进 List 容器
            }

        } catch (Exception e) {
            e.printStackTrace();
        } finally {
            close(connection, pst, result);
        }
        return list;
    }
```

4. 更新操作

更新操作包括增加、修改和删除，该方法返回影响的记录行数。

```
/**
  * 执行增加、修改和删除等操作
  * @param sql
  * @param args
  * @return
  */
  public static int update(String sql, String... args) {
    int res = 0;//影响的记录行数
    Connection connection = null;
    PreparedStatement pst = null;
    try {
        //获取数据库连接
        connection = getConnection();
        //创建用于执行 SQL 语句的 Statement 对象
        pst = connection.prepareStatement(sql);
        //设置占位符
        if (args.length != 0) {
            for (int i = 1; i <= args.length; i++) {
                pst.setObject(i, args[i - 1]);
            }
```

```
            }
            res = pst.executeUpdate();

        } catch (Exception e) {
            res = 0;
            e.printStackTrace();
        } finally {
            close(connection, pst, null);
        }
        return res;
    }
```

拓 展 任 务

本阶段拓展任务要求

（1）根据任务 7-4 的内容，修改图书商城管理系统的数据库访问公共类。

（2）根据图书商城管理系统的需求，利用 MVC 模式完成图书信息的增加、删除、修改及查询操作。

拓展任务实施参考步骤

参见本项目任务 7-1、任务 7-2、任务 7-3 来完成。

课 后 习 题

（1）简述 MVC 设计模式的工作原理。

（2）JavaBean 在 Java Web 应用程序中有何优点？

（3）建立一个描述会员信息的 JavaBean 实体类，如 MemberBean，该实体类主要包括会员号、会员名、会员邮箱等属性。

- 编写一个 JSP 页面，用 useBean 标准动作创建 MemberBean 的实例，用 setProperty 为实例属性赋值，然后用 getProperty 获取属性值。
- 把 MemberBean 的实例保存到 session 中，然后通过请求转发及请求重定向两种方式在其他 JSP 或 Serlvet 程序中取值。

项目八　使用数据库连接池优化系统

学习目标：

- 能正确使用常用数据库连接池。
- 理解数据库连接池的工作原理。

重难点：

- 重点：掌握数据库连接池的工作原理。
- 难点：掌握 Druid 数据库连接池的使用方法。

思政元素：

- 突破陈规、敢于创新

引导资料：数据库连接池

1. 连接池概述

前些项目的案例是通过 JDBC 来操作数据库的，大致过程如下：

（1）加载 JDBC 数据库驱动程序。

（2）创建数据库连接。

（3）生成声明、执行 SQL 语句。

（4）处理执行结果。

（5）释放资源，断开连接。

每一次 Web 请求都要创建一次数据库连接，但是创建数据库连接也是一个相对耗时间、耗资源的事情，因为连接到数据库服务器需要经历漫长的过程：建立物理通道、与服务器进行初次握手、分析连接字符串信息、由服务器对连接进行身份验证、运行检查以便在当前事务中登记等。同样的，断开数据库连接同样也需要较大的时间及资源开销。

对于小型系统，同时在线用户的数量并不多，或许感觉不出系统有多大开销。但是对于大型的 Web 应用，例如大型电子商务网站，每一刻同时在线人数都有几千、几万、甚至更多；还有一些特殊的 Web 应用，其用户集中在某几个时间点同时访问，例如抢票系统、学生选课系统等。在这些场景中，频繁连接会给数据库带来极大的压力，造成服务器响应速度下降、宕机、崩溃，甚至灾难。由此可以说，数据库连接是一种关键的、有限的、昂贵的资源，对数据库连接的管理能显著影响到整个应用程序的伸缩性和健壮性。

因此，如果能找到一种减少连接开销的方法，就可以极大地提高应用系统的性能，目前使用数据库连接池就是其中一种解决方案。

2. 连接池的一般工作过程

一般情况下，数据库连接池只做了两件事：提前准备和复用连接。提前准备好与数据库的连接可减少连接等待时间，复用之前用过的数据库连接可减少连接次数。数据库连接池是怎样工作的呢？简单地说，连接池的工作过程主要由三部分组成：

（1）连接池的建立。系统在初始化时，需要根据系统的配置情况创建连接池，同时需要在连接池中创建几个连接对象，以便使用时能从连接池中获取。但是，连接池中的连接不能随意创建和关闭，以避免因连接被随意建立和关闭而造成额外的系统开销。

（2）连接池的使用管理策略。

1）当客户请求数据库连接时，有如下四种情况：

- 如果池中有空闲连接可用，则返回该连接。
- 如果没有空闲连接，池中连接都已用完，则创建一个新连接添加到池中。
- 如果池中连接已达到最大连接数，则请求按设定的最大等待时间进入等待队列直到有空闲连接可用。
- 如果超出最大等待时间，则抛出异常。

2）当客户释放连接时有如下三种情况：

- 如果该连接的引用次数超过了规定值，则从连接池中删除该连接。
- 如果该连接的引用次数未超出规定值，则仍然保留在连接池中。
- 如果连接长时间空闲，或检测到与服务器的连接已断开，则将该连接从池中移除。

（3）连接池的关闭。应用程序退出时关闭连接池中所有的连接，释放连接池相关的资源，该过程正好与创建相反。

3. 数据库连接池优点

（1）资源重用。由于数据库连接得到重用，避免了频繁创建、释放连接引起的性能开销，减少了不必要的系统消耗，增强了系统环境的平稳性。

（2）更快的系统响应速度。数据库连接池在初始化过程中，往往已经创建了若干数据库连接置于池内备用，此时连接池的初始化操作均已完成。对于业务请求处理而言，因连接池的初始化操作均已完成，可直接利用现有可用连接，有效减少了反复进行数据库连接初始化和释放过程的时间开销，从而缩减了系统整体响应时间。

（3）新的资源分配手段。对于多应用共享同一数据库的系统而言，可在应用层通过数据库连接的配置，来优化数据库连接。

（4）统一的连接管理，避免数据库连接泄露。在较为完备的数据库连接池实现中，可根据预先的连接占用超时设定，强制收回被占用的连接，从而避免了常规数据库连接操作中可能出现的资源泄露。

4. 连接池的影响因素

数据库连接池在初始化时将创建一定数量的数据库连接放到连接池中，这些数据库连接的数量是由最小数据库连接数制约的。无论这些数据库连接是否被使用，连接池都将一直保证至少拥有这些连接数量。连接池的最大数据库连接数量限定了这个连接池能占有的最大连接数，当应用程序向连接池请求的连接数超过最大连接数量时，这些请求将被加入等待队列中。

数据库连接池的最小连接数和最大连接数的设置要考虑到下列两个因素：

（1）最小连接数。最小连接数是连接池一直保持的数据库连接数量。如果最小连接数设置太大，则系统启动慢，但创建后系统的响应速度会很快，若应用程序对数据库连接的使用量不大，这时将会有大量的数据库连接资源被浪费；如果最小连接数设置过少，则系统启动很快，响应起来却慢。

（2）最大连接数。最大连接数是连接池能申请的最大数据库连接数，如果数据库连接请求超过此数值，则后面的数据库连接请求将被加入等待队列中，这会影响之后的数据库操作。

在请求中，最前面的连接请求将会获利，之后超过最小连接数量的连接请求等价于建立一个新的数据库连接。不过，这些大于最小连接数的数据库连接在使用完不会马上被释放，而是将被放到连接池中等待重复使用或是空闲超时后被释放。

5. 数据库连接池 Druid

数据库连接池需依据连接池原理，根据项目的实际情况自行编写，当然也可直接选用一些编写好的且性能不错的开源性的数据库连接池。常用的主流开源数据库连接池有 C3P0、DBCP、Tomcat Jdbc Pool、HikariCP、Druid 等。在本项目中，将以阿里巴巴的开源项目 Druid 为例，说明数据库连接池的使用。

Druid 连接池是阿里巴巴集团开源的数据库连接池项目。Druid 连接池为监控而生，内置强大的监控功能，且监控特性不影响性能。Druid 功能强大，能防止 SQL 注入，内置 Loging 能诊断 Hack 应用行为，是目前被广泛使用的数据库连接池。

除了数据库连接池，Druid 还包含一个 ProxyDriver、一系列内置的 JDBC 组件库、一个 SQL Parser。其支持所有 JDBC 兼容的数据库，包括 Oracle、MySQL、Derby、Postgresql、SQL Server、H2 等。

通过 Druid 提供的 SQL Parser 可以在 JDBC 层拦截 SQL 进行相应处理，例如分库分表、审计等。Druid 防御 SQL 注入攻击的 WallFilter，就是通过 SQL Parser 分析语义实现的，这是一个手写的高性能 SQL Parser，支持 Visitor 模式，便于分析 SQL 的抽象语法树。

任务 8-1 Druid 数据库连接池工具类程序的设计

Druid 数据库连接池工具类程序的设计

任务目标

能使用 Druid 数据库连接池，理解数据库连接池的工作原理。

任务要求

每次使用数据库连接池的时候，都需要按步骤获取 DataSource、Connection，再进行下一步的数据库操作。因此，本任务将要求编写一个工具类，用于封装数据库连接池的相关操作，简化后继的使用、运维等工作。

实施过程

1. Druid 的获取与导入

（1）获取 Druid。Druid 是一个开源项目，源码托管在 Github 上，源代码仓库地址：

https://github.com/alibaba/druid。

Druid 0.1.18 之后的版本都发布在 maven 中央仓库中，所以只需要在项目的 pom.xml 中加上 dependency 即可使用。例如：

```
<dependency>
    <groupId>com.alibaba</groupId>
    <artifactId>druid</artifactId>
    <version>${druid-version}</version>
</dependency>
```

也可以选择 maven 仓库查找公共的仓库地址：http://www.mvnrepository.com/artifact/com.alibaba/druid。

（2）导入 Druid 的 jar 包。将下载的 Druid 的 jar 包复制到项目下的 WEB-INF\lib 文件夹里；添加到项目的 Build Path 里，在项目名上右击，依次选择 Build Path→Configure Build Path 选项，如图 8-1 所示。

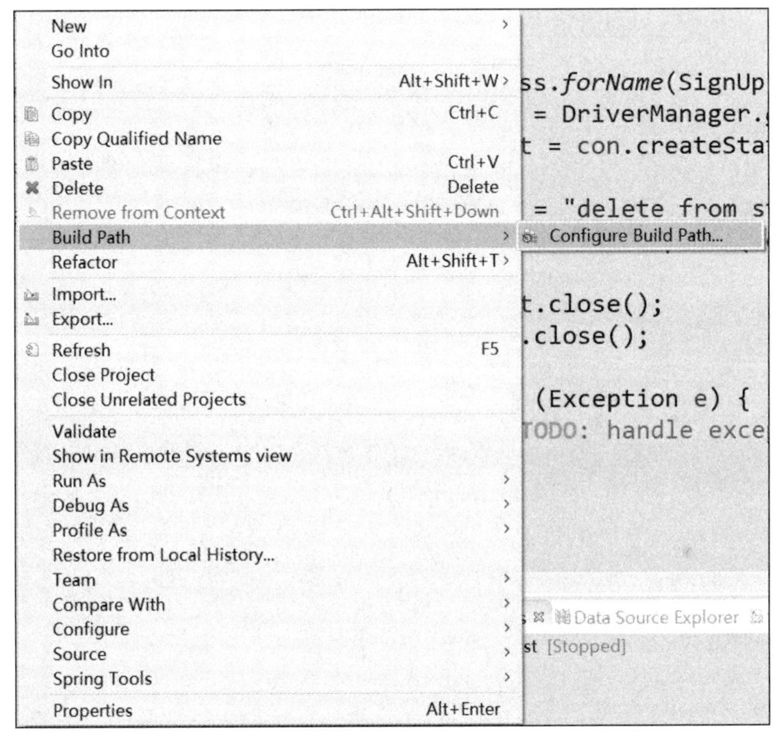

图 8-1　Configure Build Path 选项

在打开的窗口中，先选中 Libraries 选项卡，再在右边单击 Add JARs...按钮，如图 8-2 所示。

在打开的窗口中，依次展开本项目的 WEB-INF\lib 文件夹，选中刚才复制到项目中的 jar 包，然后单击 OK 按钮关闭窗口。

此时，在 Libraries 选项卡的列表中可以看到增加了引入的 Druid 的 jar 包，单击 OK 按钮确认。此时，在 Eclipse 中，就可以使用 Druid 了。

如果项目还没添加 JDBC 驱动程序，需要按以上步骤，将厂商提供的驱动程序 jar 包也添加到项目中。

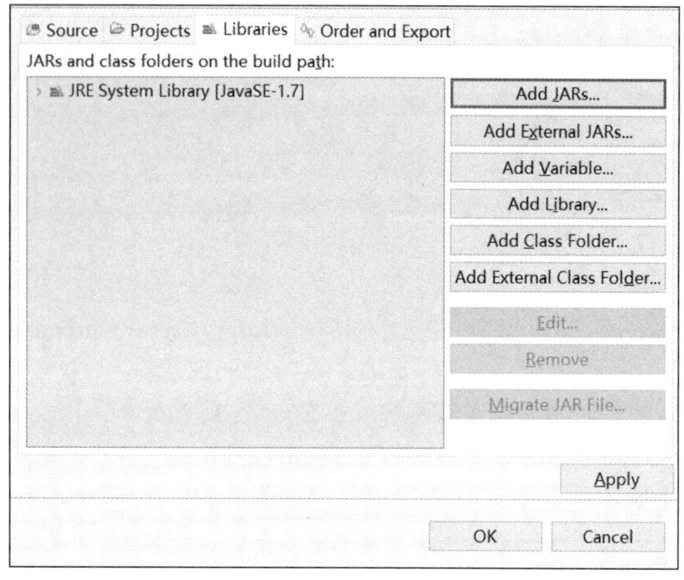

图 8-2 Libraries 选项卡

2. 创建 Druid 工具类

（1）加载配置。新建一个名为 druid.properties 的文件，将配置内容写入外部的配置文件，然后再读取到 Properties 中，druid.properties 文件样例如下：

```
driverClassName=com.mysql.jdbc.Driver          #驱动程序
url= jdbc:mysql://127.0.0.1:3306/students/xxxx  #数据库连接地址
username=root          #用户名
password=root          #密码
initialSize=10         #初始化连接数
maxActive=20           #最大连接数
maxWait=1000           #最大等待时间（单位为毫秒）
```

（2）创建工具类。在项目的 com.huang.db 包中新建一个类 DruidDataSources，在该类中输入以下代码：

```
package com.huang.db;

import com.alibaba.druid.pool.DruidDataSourceFactory;

import javax.sql.DataSource;
import java.io.InputStream;
import java.lang.reflect.Method;
import java.sql.Connection;
import java.util.Properties;

public class DruidDataSources{

    /**
     * DataSource 对象
     */
    private static DataSource dataSource;
```

```
/*
 * DataSource 初始化
 */
static {
    try {
        //创建属性类
        Properties properties = new Properties();
        //获取类的类加载器
        ClassLoader classLoader = DruidDataSources.class.getClassLoader();
        //获取 druid.properties 配置文件资源输入流
        InputStream resourceAsStream= classLoader.getResourceAsStream("druid.properties");
        //加载配置文件
        properties.load(resourceAsStream);
        //创建 DataSource
        dataSource = DruidDataSourceFactory.createDataSource(properties);
    } catch (Exception e) {
        e.printStackTrace();
    }
}

/**
 * 获取 DataSource 对象
 */
public static DataSource getDataSource() {
    return dataSource;
}


/**
 * 获取数据库连接对象
 */
public static Connection getConnection() throws Exception {
    return dataSource.getConnection();
}

/**
 * 释放资源
 * @param t 资源对象
 * @param <T> 资源类型
 */
public static <T> void releaseResources (T t){
    if(t != null){
        try {
            //利用反射获取 class 对象
            Class<?> aClass = t.getClass();
            //获取 class 对象中的方法对象
            Method close = aClass.getMethod("close");
```

```
                //执行方法
                close.invoke(t);
            } catch (Exception e) {
                e.printStackTrace();
            }
        }
    }
}
```

3. 测试 Druid 工具类

下面我们通过实例演示 Druid 工具类的使用方法。

实例：插入表记录。

本项目中有一个专业表，结构如下：

```
CREATE TABLE t_major (
  MajorCode varchar(16) NOT NULL,--专业代码
  MajorName varchar(64) DEFAULT NULL,--专业名称
   PRIMARY KEY (MajorCode)
);
```

下面使用 Druid 工具类插入一行记录，代码如下：

```
package com.huang.db;
import javax.sql.DataSource;
import java.sql.Connection;
import java.sql.PreparedStatement;
public class DruidDemo {
    public static void main(String[] args) throws Exception{
        //获取数据库连接池对象
        DataSource dataSource = DruidDataSources.getDataSource();
        //从数据库连接池对象中获取数据库连接对象
        Connection connection = dataSource.getConnection();
        //预定义 SQL 语句
        String sql = "INSERT INTO t_major (MajorCode, MajorName) VALUES (?, ?);";
        //获取执行预定义 SQL 语句对象
        PreparedStatement preparedStatement = connection.prepareStatement(sql);
        //给?赋值
        preparedStatement.setString(1, "0103");
        preparedStatement. setString (2,"人工智能技术");
        //执行预编译好的 SQL 语句
        preparedStatement.executeUpdate();
        //释放资源：PreparedStatement
        DruidDataSources.releaseResources(preparedStatement);
        //归还连接
        DruidDataSources.releaseResources(connection);
    }
}
```

运行程序后，打开数据库可以看到一条新增的记录，如图 8-3 所示，说明运行成功。

MajorCode	MajorName
0101	软件技术
0102	网络技术
0103	人工智能技术

图 8-3 Druid 工具类测试结果

那么如何体现连接池的作用呢？我们可以使用数据库工具（如 navicat）的监控功能，查看当前的数据库连接。如图 8-4 所示，程序中我们只使用了一个连接查询用户名、密码，但已经建立了多个数据库连接。

Process List | Variables | Status

Connection	ID	User	Host	DB	Command	Time	State
huang	4	event_scheduler	localhost		Daemon	35363	Waiting on empt
huang	66	root	localhost:4952		Sleep	96	
huang	67	root	localhost:4956	students	Sleep	92	
huang	69	root	localhost:5045	students	Sleep	2	
huang	70	root	localhost:5046	students	Sleep	2	
huang	71	root	localhost:5047	students	Sleep	2	
huang	72	root	localhost:5048	students	Sleep	2	
huang	73	root	localhost:5049	students	Sleep	2	
huang	74	root	localhost:5050	students	Sleep	2	
huang	75	root	localhost:5051	students	Sleep	2	
huang	76	root	localhost:5052	students	Sleep	2	
huang	77	root	localhost:5053	students	Sleep	2	
huang	78	root	localhost:5054	students	Sleep	2	

图 8-4 查看当前的数据库连接

知识解析：Druid 的使用

1. Druid 数据库连接池的用例程序

在使用 Druid 数据库连接池前，要先将驱动程序、URL、用户名、密码、连接数等信息通过属性类（Properties）配置好。

```
Properties properties = new Properties();
properties.setProperty("url","jdbc:mysql://127.0.0.1:3306/students?useSSL=false&serverTimezone=Asia/Shanghai&allowPublicKeyRetrieval=true&useUnicode=true&characterEncoding=UTF8");
properties.setProperty("driverClassName","com.mysql.jdbc.Driver");
properties.setProperty("username","root");
properties.setProperty("initialSize","10");
properties.setProperty("maxActive","20");
properties.setProperty("maxWait","1000");
```

也可以将相关配置信息写入外部的配置文件，如本任务就将信息写入了 druid.properties。接下来通过一个简单的用例来测试一下，该用例通过获取 druid.properties 配置文件资源输入流，打印获取到的数据库连接对象地址值。

```
package com.huang.db;

import com.alibaba.druid.pool.DruidDataSourceFactory;

import javax.sql.DataSource;
import java.io.InputStream;
import java.sql.Connection;
import java.util.Properties;

public class DataSources{
    public static void main(String[] args) throws Exception {
        //创建属性类
        Properties properties = new Properties();
        //获取类的类加载器
        ClassLoader classLoader = DataSources.class.getClassLoader();
        //获取 druid.properties 配置文件资源输入流
        InputStream resourceAsStream=classLoader.getResourceAsStream("druid.properties");
        //加载配置文件
        properties.load(resourceAsStream);
        //创建 DataSource
        DataSource dataSource = DruidDataSourceFactory.createDataSource(properties);
        //获取数据库连接对象
        Connection connection = dataSource.getConnection();
        //打印获取到的数据库连接对象地址值
        System.out.println(connection);
    }
}
```

2. Druid 数据库连接池工具类程序解析

（1）初始化 DataSource。使用 Druid 数据源工厂（DruidDataSourceFactory）创建数据源（DataSource）。返回的 DataSource 是 javax.sql.DataSource 类型，因此使用 Druid 连接池返回的 DataSource 方法和属性与平时的用法是一致的。初始化 DataSource 的代码如下：

```
private static DataSource dataSource;

static {
    try {
        //创建属性类
        Properties properties = new Properties();
        //获取类的类加载器
        ClassLoader classLoader = DruidDataSources.class.getClassLoader();
        //获取 druid.properties 配置文件资源输入流
        InputStream resourceAsStream= classLoader.getResourceAsStream("druid.properties");
        //加载配置文件
        properties.load(resourceAsStream);
        //创建 DataSource
```

```
            dataSource = DruidDataSourceFactory.createDataSource(properties);
        } catch (Exception e) {
            e.printStackTrace();
        }
    }

    /**
     * 获取 DataSource 对象
     */
    public static DataSource getDataSource() {
        return dataSource;
    }
```

本任务中的工具类 DruidDataSources 中定义了一个私有的静态 DataSource 对象，将创建 DataSource 对象的代码放入 static 代码块，以便在类加载的时候就初始化 DataSource 对象，并且只执行一次。

（2）定义获取数据库连接对象（Connection）的方法，代码如下：

```
    /**
     * 获取数据库连接对象
     */
    public static Connection getConnection() throws Exception {
        return dataSource.getConnection();
    }
```

（3）定义释放资源的方法，代码如下：

```
    /**
     * 释放资源
     * @param t 资源对象
     * @param <T> 资源类型
     */
    public static <T> void releaseResources (T t){
        if(t != null){
            try {
                //利用反射获取 class 对象
                Class<?> aClass = t.getClass();
                //获取 class 对象中的方法对象
                Method close = aClass.getMethod("close");
                //执行方法
                close.invoke(t);
            } catch (Exception e) {
                e.printStackTrace();
            }
        }
    }
```

上述代码中，我们使用泛型定义了一个通用的释放方法，其可以同时作为释放 Statement、Connection、DataSource（如断开数据源）等对象的释放方法。

任务 8–2　使用 Druid 数据库连接池优化登录程序

使用 Druid 数据库连接池优化登录程序

任务目标

能使用 Druid 数据库连接池优化系统业务程序。

任务要求

完善学生管理系统 StudentPro 项目中的用户登录功能。本任务需通过使用 Druid 数据库连接池，在 Servlet 类程序中实现用户登录的判断。

实施过程

在前期的项目中设计了一个基于 JDBC 的用户登录的 Servlet 程序（com.huang.servlet.user.CheckLoginServlet），用于检测用户名、密码是否正确。在此基础上，本任务在同一个包中复制 CheckLoginServlet.java 并粘贴一份，同时命名为 DruitCheckLoginServlet.java，并改写 doGet() 方法，内容如下：

```
protected void doGet(HttpServletRequest request, HttpServletResponse response)
        throws ServletException, IOException {
    //设置响应数据编码格式
    response.setContentType("text/html;charset=utf-8");
    //设置请求数据编码格式
    request.setCharacterEncoding("utf-8");
    //通过 request 内置对象获取表单控件的数据
    String uname = request.getParameter("username");
    String upwd = request.getParameter("pwd");
    String sql = "select * from t_user where username=? and userpassword=?";
    //通过 request 对象获取 session
    HttpSession session = request.getSession();

    //声明
    Connection connection = null;
    PreparedStatement pstmt = null;

    //得到查询结果集 ResultSet
        ResultSet rs = null;
    try {
        //从数据库连接池对象中获取数据库连接对象
        connection = DruidDataSources.getConnection();
        //获取执行预定义 SQL 语句对象
        pstmt = connection.prepareStatement(sql);

        pstmt.setString(1, uname);
        pstmt.setString(2, upwd);
        rs = pstmt.executeQuery();
```

```
            //读取结果集数据 rs.next()
            if (rs.next()) {
                //将用户 ID、用户名分别存放到键名为 USERID、USERNAME 的 Session 中
                session.setAttribute("USERID", rs.getInt("userid"));
                session.setAttribute("USERNAME", rs.getString("username"));
                response.sendRedirect("main.jsp");
            } else {
                response.sendRedirect("login.html");
            }

        } catch (SQLException e) {
            e.printStackTrace();
        } finally {
            //释放资源：PreparedStatement
            DruidDataSources.releaseResources(pstmt);
            //归还连接
            DruidDataSources.releaseResources(connection);

        }
    }
```

可以看到，目前迁移到 Druid 连接池需要改动的代码并不多，这是由于 Druid 工具类返回的 DataSource、Connection、Statement 都是标准的 JDBC 类。

任务 8–3　使用连接池优化通用数据访问类

使用连接池优化通用数据访问类

任务目标

能结合数据库连接池，优化数据库访问程序。

任务要求

完善学生管理系统 StudentPro 项目中的数据库访问程序。本任务要求结合数据库连接池，去优化数据库访问程序，以提高程序整体性能。

实施过程

（1）在 com.huang.db 中复制一份 DBHelper 类，并将其命名为 DruidDBHelper，同时将以下代码段注释掉。

```
private static Properties p = new Properties();
//静态代码块在类被加载时就会加载
static {
    //加载配置文件
    try {
        p.load(new FileInputStream(new File("src/jdbc.properties")));
        //加载驱动
```

```
            Class.forName(p.getProperty("driver"));
        } catch (Exception e) {
            e.printStackTrace();
        }
    }
```

（2）修改 DruidDBHelper 类中的 getConnection，代码如下：

```
/**
 * 获取连接
 * @return
 * @throws Exception
 */
public static Connection getConnection() throws Exception {
    Connection conn = null;
    conn = DruidDataSources.getConnection();
    return conn;
}
```

（3）下面创建一个测试类，演示如何使用 DruidDBHelper。该案例的运行结果如图 8-5 所示，可以看出，使用了连接池的 DruidDBHelper 类与直接使用 JDBC 的 DBHelper 类效果是一样的。学生管理系统的相关功能模块程序设计可根据本测试类的使用方法自行更新，此处不再一一陈述。

```
package com.huang.db;

import com.huang.pojo.Student;

public class TestDruidDbHelper {
    public static void main(String[] args) {
        Student stu=null;
        stu=DruidDBHelper.query("SELECT * FROM t_student WHERE ClassCode =?", Student.class, new
String[]{"202001011"});   //202001011 数据要在数据库中存在
        if(stu!=null) {
            System.out.println("姓名："+stu.getStuName());
            System.out.println("性别："+stu.getStuSex());
            System.out.println("邮箱："+stu.getStuEmail());
        }
    }
}
```

```
Markers  Properties  Console ☒  Servers  Data Source Explo
<terminated> TestDruidDbHelper [Java Application] D:\ProgramFiles\Java\jre1.
三月 08, 2023 10:09:55 上午 com.alibaba.druid.support.logging.
信息: {dataSource-1} inited
姓名: 进一步
性别: 男
邮箱: 11@qq.com
```

图 8-5 DruidDBHelper 测试类结果

知识延展：Druid 监控功能的使用

1. Druid 监控功能介绍

与其他的数据库连接池相比，Druid 最大的特色就是具有高效且占用资源少的监控功能。Druid 配备了一个监控后台，开发者无须另外开发管理后台，Druid 监控后台界面如图 8-6 所示。

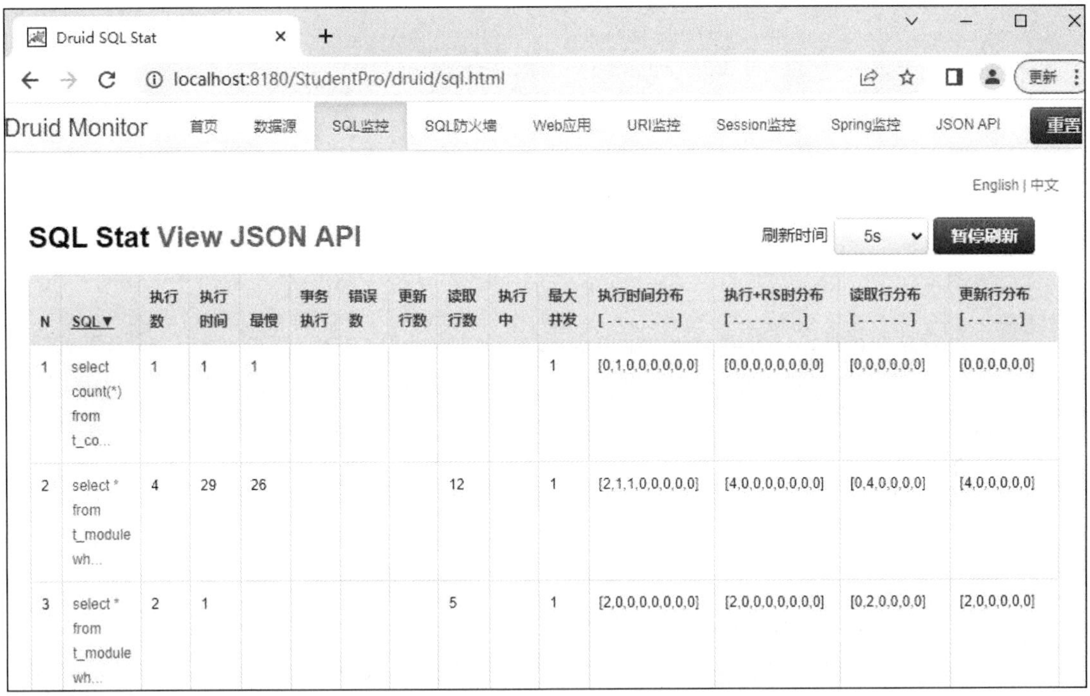

N	SQL▼	执行数	执行时间	最慢	事务执行	错误数	更新行数	读取行数	执行中	最大并发	执行时间分布 [--------]	执行+RS时分布 [--------]	读取行分布 [------]	更新行分布 [------]
1	select count(*) from t_co...	1	1	1						1	[0,1,0,0,0,0,0,0]	[0,0,0,0,0,0,0,0]	[0,0,0,0,0,0]	[0,0,0,0,0,0]
2	select * from t_module wh...	4	29	26				12		1	[2,1,1,0,0,0,0,0]	[4,0,0,0,0,0,0,0]	[0,4,0,0,0,0]	[4,0,0,0,0,0]
3	select * from t_module wh...	2	1					5		1	[2,0,0,0,0,0,0,0]	[2,0,0,0,0,0,0,0]	[0,2,0,0,0,0]	[2,0,0,0,0,0]

图 8-6　Druid 监控后台

（1）数据源。数据源菜单显示数据库连接池的基本信息，如连接地址、连接类型、最大连接数、最小连接数、初始连接等信息。

可通过逻辑连接打开次数、逻辑连接关闭次数来判断系统中是否存在连接未关闭的情况，正常情况下打开次数和关闭次数应该保持一致。

（2）SQL 监控。SQL 监控是一个非常有用的功能，Druid 提供了一个功能强大的 StatFilter 插件，能够详细统计 SQL 的执行性能，这对线上分析数据库访问性能有帮助。SQL 监控显示系统已执行过的每条 SQL 语句的执行情况，并通过执行数、执行时间、错误数、最大并发等统计维度来展现。

（3）SQL 防火墙。SQL 防火墙分为防御统计、表访问统计、函数调用统计、SQL 防御统计白名单、SQL 防御统计黑名单五项。涉嫌 SQL 注入的 SQL 语句将被拦截，出现在 SQL 防御统计黑名单中。

（4）Web 应用。Web 应用主要统计本应用的并发、请求、事务提交、事务回滚等信息，另外统计了本应用在各操作系统上、各浏览器上的访问次数。

（5）URI 监控。URI 监控统计了应用中各 URL 的访问次数、请求时间、并发数等信息。

（6）Session 监控。Session 监控显示应用中 session 的请求时间、请求次数、最大并发等数据。

（7）JASON API 为 API 使用说明链接。

2. 开启 Druid 监控

开启 Druid 监控非常简单，在 web.xml 增加如下配置后，启动 Tomcat，在浏览器中输入访问地址“http://IP 地址:端口号/项目名称/druid/login.html”即可访问 Druid 监控主页。

```
<servlet>
    <servlet-name>DruidStatView</servlet-name>
    <servlet-class>com.alibaba.druid.support.http.StatViewServlet</servlet-class>
</servlet>
<servlet-mapping>
    <servlet-name>DruidStatView</servlet-name>
    <url-pattern>/druid/*</url-pattern>
</servlet-mapping>

<filter>
    <filter-name>DruidWebStatFilter</filter-name>
    <filter-class>com.alibaba.druid.support.http.WebStatFilter</filter-class>
    <init-param>
        <param-name>exclusions</param-name>
        <param-value>*.js,*.gif,*.jpg,*.png,*.css,*.ico,/druid/*</param-value>
    </init-param>
</filter>
<filter-mapping>
    <filter-name>DruidWebStatFilter</filter-name>
    <url-pattern>/*</url-pattern>
</filter-mapping>
```

如果在生产环境下启用 Druid 监控，则建议开启登录，需要用 init-param 标签配置用户名及密码，相关配置信息见如下代码中的粗体字部分，运行结果如图 8-7 所示。

```
<servlet>
    <servlet-name>DruidStatView</servlet-name>
    <servlet-class>com.alibaba.druid.support.http.StatViewServlet</servlet-class>
    <init-param>
        <param-name>loginUsername</param-name>
        <param-value>huang</param-value>
    </init-param>
    <init-param>
        <param-name>loginPassword</param-name>
        <param-value>123</param-value>
    </init-param>
</servlet>
```

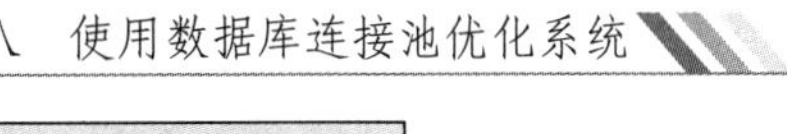

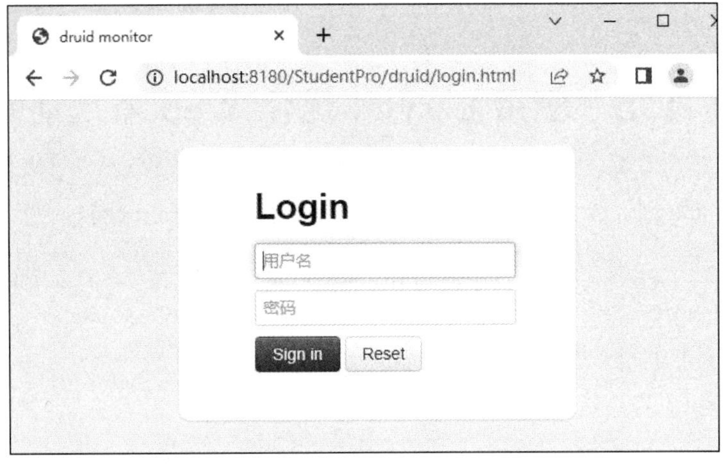

图 8-7　Druid 监控开启登录页

拓 展 任 务

本阶段拓展任务要求

根据本项目的任务内容，为图书商城管理系统创建基于 Druid 数据库连接池的数据库访问工具类，并修改相关功能模块，使整个图书商城管理系统都基于 Druid 数据库连接池来访问数据。

拓展任务实施参考步骤

参见本项目任务内容完成。

课 后 习 题

（1）什么是数据库连接池？其有何作用？

（2）目前常用的数据库连接池有哪些？它们各自的特点是什么？

（3）编写一个会员信息管理系统的 Druid 数据库连接池程序，要求相关资源配置如下：

```
riverClassName=com.mysql.jdbc.Driver        #驱动程序
url=jdbc:mysql://127.0.0.1:3308/hy/xxx      #数据库连接地址
username=root        #用户名
password=123456      #密码
initialSize=5        #初始化连接数
maxActive=10         #最大连接数
maxWait=500          #最大等待时间（单位为毫秒）
```

项目九　使用 EasyUI 优化 Web 系统前端

学习目标：

- 能正确使用 EasyUI 搭建系统框架对系统进行优化。
- 能正确使用 JSON 进行数据处理。
- 理解 EasyUI 的工作过程、JSON 的相关概念。

重难点：

- 重点：EasyUI 常用组件的使用、EasyUI 中 JSON 数据处理。
- 难点：使用 EasyUI 搭建系统框架、完成数据分页操作。

思政元素：

- 爱岗敬业，精益求精。

引导资料：EasyUI 概述

1. EasyUI 简介

EasyUI 是一个由第三方组织开发的、开源的、功能强大的、基于 jQuery 的插件库。目前，EasyUI 有 jQuery EasyUI、Angular EasyUI、Vue EasyUI、React EasyUI 等系列版本。本项目主要介绍 jQuery EasyUI。

jQuery EasyUI 是一组基于 jQuery 的 UI 插件集合体，可前往相关站点下载 jQuery EasyUI 库包：https://www.jeasyui.net/download/jquery.html。本项目使用的版本为 jquery-easyui-1.8.6。

jQuery EasyUI 为 Web 开发人员提供了大量 UI 控件，如 accordion、combobox、menu、dialog、tabs、validatebox、datagrid、window、tree 等，使 Web 开发人员能快速地基于 jQuery 核心和 HTML5 等打造出功能丰富并且美观的 Web UI 界面。以下将 jQuery EasyUI 简称为 EasyUI。

2. EasyUI 的特点

EasyUI 使开发者不需要编写复杂的 JavaScript 脚本，也不需要对 CSS 样式有深入的了解，开发者只需要了解一些简单的 HTML 标签及相关组件即可快速地构建一个 Web UI 界面程序。其具有以下特点：

（1）基于 jQuery 用户界面插件的集合，使用简单，功能很强大。

（2）为创建高效的、交互的 JavaScript 应用提供必要的功能支持。

（3）能完美支持 HTML5 网页。

（4）能节省开发时间和资源。

（5）支持扩展，可根据用户的需求扩展控件。

3. EasyUI 常用控件简介

（1）布局（layout）。在 EasyUI 中，布局是有五个区域（北区 north、南区 south、东区 east、西区 west 和中区 center）的容器。创建时可根据实际选择各区域，但中间的区域面板是必需的。布局可以嵌套，且每个边缘区域面板可通过拖拽边框调整尺寸，也可以通过单击折叠触发器来折叠面板。以下样例为在整个页面上创建布局。

```
<body class="easyui-layout">
<div data-options="region:'north',title:'上方',split:true" style="height:120px;"></div>
<div data-options="region:'south',title:'下方',split:true" style="height:80px;"></div>
<div data-options="region:'east',title:'右侧',split:true" style="width:120px;"></div>
<div data-options="region:'west',title:'左侧',split:true" style="width:150px;"></div>
<div data-options="region:'center',title:'主区域'" style="padding:5px;background:#eee;"></div>
</body>
```

（2）面板（panel）。面板是创建 Layout、Tabs、Accordion 等组件的基础，作为其他内容的容器使用。面板提供内置的可折叠、可关闭、可最大化、可最小化的行为以及其他自定义行为，它可简单地嵌入网页的任何位置。

1）通过标记创建面板，即把 easyui-panel class 添加到<div>标记。

```
<div id="p" class="easyui-panel" title="我的面板" style="width:600px;height:300px;padding:5px; background:
#fdfdfd;"
    data-options="iconCls:'icon-save',closable:true,
    collapsible:true,minimizable:true,maximizable:true">
    <p>具体内容</p>
</div>
```

2）通过编程创建面板。以下代码为创建带右上角工具栏的面板。

```
<div id="mypanel" style="padding:5px;">
    <p>具体内容</p>
</div>
$('#mypanel').panel({
    width:600,
    height:300,
    title:'我的面板',
    tools:[{
    iconCls:'icon-add',
    handler:function(){alert('新建')}
    },{
    iconCls:'icon-save',
    handler:function(){alert('保存')}
    }]
});
```

（3）标签页（tabs）。标签页有多个可以动态添加或移除的面板，每个面板都有自身的标题、图标和关闭按钮，可使用标签页在同一页面上显示不同的内容。当标签页被选中时，将显示对应面板的内容，且一次仅显示一个面板。

1）通过标记创建标签页，即把<div> 的 class 属性设置为 easyui-tabs 即可。每个标签页面板（tab panel）通过子 <div> 标记被创建，其用法与面板一样。

```
<div id="mytab" class="easyui-tabs" style="width:600px;height:360px;">
    <div title="面板 1" style="padding:10px;display:none;">
        面板 1
    </div>
    <div title="面板 2" data-options="closable:true" style="overflow:auto;padding:10px;display:none;">
        面板 2
    </div>
</div>
```

2）编程创建标签页，同时捕捉 onSelect 事件。

```
$('#mytab').tabs({
    border:false,
    onSelect:function(title){
        alert(title+'被选择');
    }
});
```

3）编程添加新的标签页面板。

```
$('#mytab').tabs('add',{
    title:'面板 3',
    content:'面板 3',
    closable:true,
    tools:[{
        iconCls:'icon-mini-refresh',
        handler:function(){
            alert('刷新');
        }
    }]
});
```

4）编程获取选中的标签页面板及对应的标签页。

```
var mt = $('# mytab').tabs('getSelected');        //获取选中的标签页面板
var mytab = mt.panel('options').tab;              //相应的标签页对象
```

（4）表单（form）。表单提供 ajax 提交、加载、清除等方法来执行带有表单字段的动作。可通过调用 validate 方法来检查表单是否有效。

1）创建一个简单的 HTML 表单。

```
<form id="myform" method="post">
    <div>
        <label for="name">姓名:</label>
        <input class="easyui-validatebox" type="text" name="name" data-options="required:true" />
    </div>
    ...
</form>
```

2）通过 ajax 提交的表单。

```
$('#myform').form({
    url:...,
    onSubmit: function(){
```

```
            …
        },
        success:function(data){
            …
        }
});
$('#myform').submit();    //提交表单
```

3）直接使用表单插件的 submit 方法提交表单。

```
$('#myform').form('submit', {
        url:…,
        onSubmit: function(){
            …
        },
        success:function(data){
            …
        }
});
```

4）带参数提交表单。

```
$('# myform').form('submit', {
        url:...,
        onSubmit: function(param){
            param.p1 = 'v1';
            param.p2 = 'v2';
        }
});
```

5）处理提交响应。当提交完成时可从服务器获得响应数据，通过对响应数据的解析获取所需数据。一般响应数据的格式为 JSON（JavaScriptObject Notation）格式。

若服务器响应数据如下：

```
{
        "suc": true,
        "mes": "执行成功！"
}
```

则可在 success 回调函数中处理该 JSON 数据。

```
$('#myform').form('submit', {
        success: function(d){
            var data = eval('(' + d+ ')');    //转换数据格式
            if (data.suc){
                alert(data.mes)
            }
        }
});
```

（5）文本框（textbox）。文本框是一个增强的输入字段组件，是构建 combo、databox 等控件的基础组件。创建文本框样式如下：

```
<input class="easyui-textbox" data-options="iconCls:'icon-search'" style="width:220px">
```

（6）密码框（passwordbox）。密码框可通过显示圆点的方式来保护输入的密码文本。创建密码框样式如下：

```
<input class="easyui-passwordbox" prompt="Password" iconWidth="26" style="width:220px">
```

（7）日期框（datebox）。日期框为可从下拉日历面板中选择日期的一个组件，创建示例如下：

```
<input id="date1" type="text" class="easyui-datebox" required="required">
```

（8）组合框（combobox）。组合框显示一个可编辑的文本框和下拉列表，用户可以从下拉列表中选择一个或多个值。创建示例如下：

```
<input id="mycom" value="combobox1">
$('#mycom').combobox({
    url:...,
    valueField:'id',
    textField:'text'
});
```

（9）验证框（validatebox）。验证框是为验证表单输入字段而设计的。如果用户输入无效的值，它将改变背景颜色，显示警告图标和提示消息。创建示例如下：

```
<input id="myvb" class="easyui-validatebox" data-options="required:true,validType:'email'">
```

（10）数据网格（datagrid）。数据网格以表格格式显示数据，为选择、排序、分组和编辑数据提供了丰富的支持，并包括单元格合并、多列页眉、冻结列和页脚等功能。创建示例如下：

```
<table id="mydg"></table>
$('#mydg').datagrid({
    url:...,
    columns:[[
        {field:'ID',title:'学号',width:120},
        {field:'stuname',title:'学生名称',width:250},
        {field:'stuage',title:'学生年龄',width:80}
    ]]
});
```

（11）链接按钮（linkbutton）。链接按钮用一个正常的 <a> 标记表示，用于创建一个超链接按钮。创建示例如下：

```
<a id="mylb" href="#" class="easyui-linkbutton" data-options="iconCls:'icon-search'">链接</a>
$(function(){
    $('#mylb').bind('click', function(){
        …
    });
});
```

（12）消息框（messager）。消息框是异步的，可在与消息框交互后使用回调函数来完成一些动作，它提供包括警示（alert）、确认（confirm）、提示（prompt）、进展（progress）等多种样式。创建示例如下：

```
$.messager.alert('Warning','警示信息');
$.messager.confirm('Confirm','确定提交吗?',function(r){
```

```
        if(r){
            …
        }
});
```

（13）对话框（dialog）。对话框是一个特殊类型的窗口，它在顶部有一个工具栏，在底部有一个按钮栏。默认情况下，对话框只有一个显示在头部右侧的关闭工具。创建示例如下：

```
<div id="mydl">Dialog Content.</div>
$('#mydl').dialog({
    title: 'My Dialog',
    width: 480,
    height:320,
    closed: false,
    cache: false,
    href: …,
    modal: true
});
$('#mydl').dialog('refresh', …);
```

4. EasyUI 中常用的数据交换格式

EasyUI 中常采用 JSON 格式进行前后端数据交换。JSON 是一种与开发语言无关的、轻量级的数据存储与交换格式。它基于 ECMAScript（欧洲计算机协会制定的 JS 规范）的一个子集，采用完全独立于编程语言的文本格式来存储和表示数据。JSON 采用独立于语言的文本格式，易于开发者阅读和编写，易于程序解析与生产。简洁和清晰的层次结构使得 JSON 成为理想的数据交换语言。目前，几乎每门开发语言都有处理 JSON 的 API。

任务 9-1　使用 EasyUI 搭建系统框架

任务目标

使用 EasyUI 搭建系统框架

能使用 EasyUI 搭建系统框架。

任务要求

利用 EasyUI，重新搭建一个学生管理系统主体程序框架，使系统各功能模块更高效地组织在一起，整体界面风格、样式更加美观统一，操作更便捷。

实施过程

1. EasyUI 的获取与安装

在使用 EasyUI 时，需先下载相应的 EasyUI 包，本项目下载的 EasyUI 包为 jquery-easyui-1.8.6。将其解压后放置到 WebContent（Web 根目录）下的相关文件目录中。本任务案例放置于 Web 根目录的 easyui 目录下。EasyUI 目录结构如图 9-1 所示。

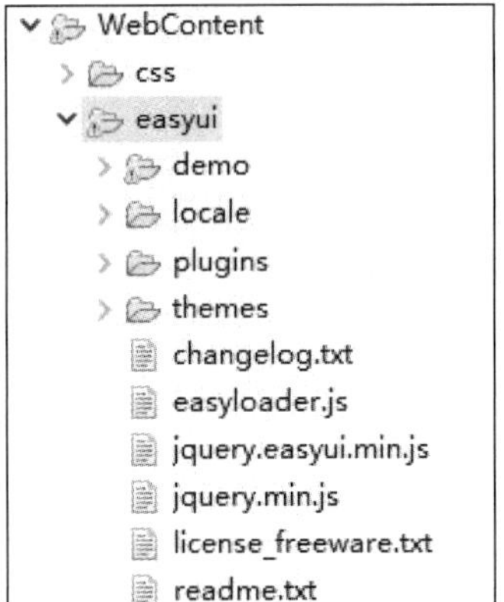

图 9-1 EasyUI 目录结构

2. 主页面设计

在 Web 后端管理系统中，一般情况下主页面的结构会分上中下三栏，中间栏又分为左中右三栏，如图 9-2 所示。

图 9-2 常见主页面结构样式

在本任务案例中，主页面将设计为如图 9-3 所示的结构样式，具体实现过程如下：

（1）在 WebContent 根目录中创建一个 HTML 文件，名为 testEasyUI.jsp。

（2）引入 EasyUI 中的相关 CSS、JS 文件（注意各文件的存放路径），代码如下：

```
<link rel="stylesheet" type="text/css" href="easyui/themes/default/easyui.css">
<link rel="stylesheet" type="text/css" href="easyui/themes/icon.css">
<script type="text/javascript" src="easyui/jquery.min.js"></script>
<script type="text/javascript" src="easyui/jquery.easyui.min.js"></script>
```

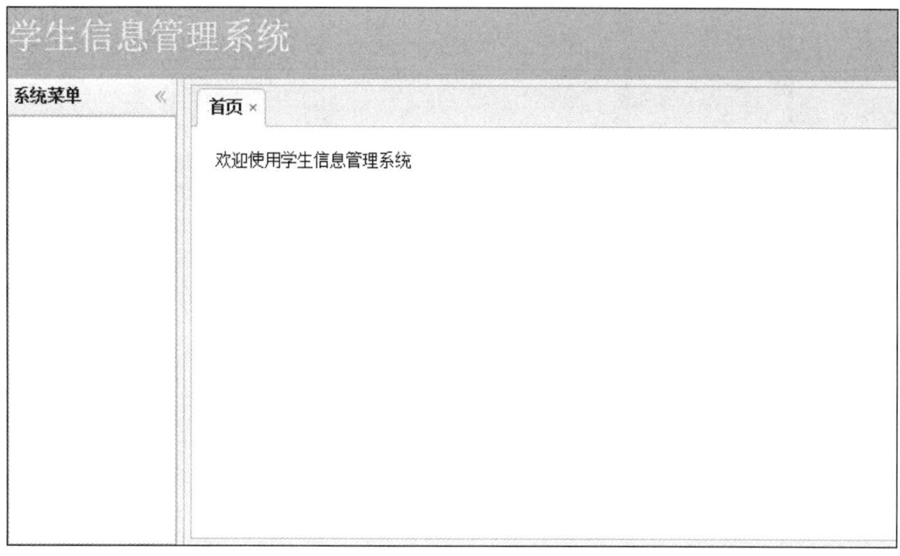

图 9-3　主界面设计样式

（3）在<body></body>间输入以下代码后，运行即可得到如图 9-3 所示的页面效果。

```
<!--easyui-layout-->
    <div id="mylayout" class="easyui-layout" data-options="fit:true">
        <!--north，Banner 部分-->
        <div data-options="region:'north'"
            style="height: 60px; background: url('img/header_bg.jpg');">
            <div
                style="height: 100px; width: 100%; font-size: 30px; color: #FFFF00; margin-top: 8px;">
                    学生信息管理系统</div>
        </div>
        <!--west，左侧菜单导航部分-->
        <div data-options="region:'west',title:'系统菜单',split:true"
            style="width: 150px;">
            <div id="mynav" class="easyui-accordion" data-options="fit:true">

            </div>
        </div>
        <!--center，中部内容部分-->
        <div data-options="region:'center',title:''"
            style="padding: 5px; background: #eee;">
            <div id="mytab" class="easyui-tabs" data-options="fit:true">
                <div title="首页" data-options="closable:true"
                    style="overflow: auto; padding: 20px; display: none;">欢迎使用学生信息管理系统
                </div>
            </div>
        </div>
    </div>
```

3．左侧菜单栏的实现

构建菜单栏数据相关实例类 Attributes 类、Menu 类，以及模块信息的实例类 Module，用于与 EasyUI 中的可折叠组件的相关属性对应。

（1）在 com.huang.pojo 包中新建一个 Attributes 类，其代码如下：

```
public class Attributes {
        private String murl;          //子模块链接
        private int pmid;             //对应父模块 id

    /**
     * @return the pmid
     */
    public int getPmid() {
        return pmid;
    }

    /**
     * @param pmid the pmid to set
     */
    public void setPmid(int pmid) {
        this.pmid = pmid;
    }

    /**
     * @return the murl
     */
    public String getMurl() {
        return murl;
    }

    /**
     * @param murl the murl to set
     */
    public void setMurl(String murl) {
        this.murl = murl;
    }
}
```

（2）在 com.huang.pojo 包中新建一个 Menu 类，其代码如下：

```
public class Menu {
    private int id;                     //对应模块 id
    private String text;                //对应模块名称

    private int checked;                //是否选中
    private String state;               //状态
    private List<Menu> children;  //子菜单
    private Attributes attributes;   //其他相关属性
    /**
     * @return the attributes
     */
```

```
public Attributes getAttributes() {
    return attributes;
}
/**
 * @param attributes the attributes to set
 */
public void setAttributes(Attributes attributes) {
    this.attributes = attributes;
}
/**
 * @return the state
 */
public String getState() {
    return state;
}
/**
 * @param state the state to set
 */
public void setState(String state) {
    this.state = state;
}
/**
 * @return the children
 */
public List<Menu> getChildren() {
    return children;
}
/**
 * @param children the children to set
 */
public void setChildren(List<Menu> children) {
    this.children = children;
}

/**
 * @return the id
 */
public int getId() {
    return id;
}
/**
 * @param id the id to set
 */
public void setId(int id) {
    this.id = id;
}
```

```
    /**
     * @return the text
     */
    public String getText() {
        return text;
    }
    /**
     * @param text the text to set
     */
    public void setText(String text) {
        this.text = text;
    }

    /**
     * @return the checked
     */
    public int getChecked() {
        return checked;
    }
    /**
     * @param checked the checked to set
     */
    public void setChecked(int checked) {
        this.checked = checked;
    }
}
```

（3）在 com.huang.pojo 包中新建一个模块信息实例类 Module，其代码如下：

```
public class Module {
    private String modulename;
    private String moduleurl;
    private int moduleid;
    private int pmid;
    private String pmodulename;


    /**
     * @return the pmodulename
     */
    public String getPmodulename() {
        return pmodulename;
    }

    /**
     * @param pmodulename the pmodulename to set
     */
    public void setPmodulename(String pmodulename) {
```

```
		this.pmodulename = pmodulename;
	}

	/**
	 * @return the pmid
	 */
	public int getPmid() {
		return pmid;
	}

	/**
	 * @param pmid the pmid to set
	 */
	public void setPmid(int pmid) {
		this.pmid = pmid;
	}

	/**
	 * @return the modulename
	 */
	public String getModulename() {
		return modulename;
	}

	/**
	 * @param modulename the modulename to set
	 */
	public void setModulename(String modulename) {
		this.modulename = modulename;
	}

	/**
	 * @return the moduleurl
	 */
	public String getModuleurl() {
		return moduleurl;
	}

	/**
	 * @param moduleurl the moduleurl to set
	 */
	public void setModuleurl(String moduleurl) {
		this.moduleurl = moduleurl;
	}

	/**
```

```
     * @return the moduleid
     */
    public int getModuleid() {
        return moduleid;
    }

    /**
     * @param moduleid the moduleid to set
     */
    public void setModuleid(int moduleid) {
        this.moduleid = moduleid;
    }
}
```

（4）在 com.huang.service 包中，新建一个 ModuleService 类，该类提供对外服务方法，完成模块管理功能的业务逻辑处理。

```
public class ModuleService {
    /**
     * 查询所有的父模块信息
     *
     * @return huang
     */
    public List<Menu> getAllPModule() {
        String sql = "select * from t_module where pmid=0 order by moduleid";
        Connection connection = null;
        PreparedStatement pstmt = null;
        //得到查询结果集 ResultSet
        ResultSet rs = null;
        List<Menu> list = null;
        try {
            //从数据库连接池对象中获取数据库连接对象
            connection = DruidDataSources.getConnection();
            //获取数据库连接对象并产生预声明
            //获取执行预定义 SQL 语句对象
            pstmt = connection.prepareStatement(sql);
            rs = pstmt.executeQuery();
            //声明数组列表，用于转存查询好的数据库数据，以便可提前关闭数据库连接，不再
            //需要在 JSP 页面操作 ResultSet
            list = new ArrayList<Menu>();
            int i = 1;
            while (rs.next()) {
                Menu m = new Menu();
                m.setId(rs.getInt("moduleid"));
                if (i == 1) {
                    m.setState("open");
                    i = 0;
                } else {
```

```
                    m.setState("closed");
                }
                m.setText(rs.getString("modulename"));
                Attributes attr = new Attributes();
                attr.setMurl(rs.getString("moduleurl"));
                attr.setPmid(rs.getInt("pmid"));
                m.setAttributes(attr);
                list.add(m);
            }
        } catch (SQLException e) {
            e.printStackTrace();
        } finally {
            //释放资源：PreparedStatement
            DruidDataSources.releaseResources(pstmt);
            //归还连接
            DruidDataSources.releaseResources(connection);
        }
        return list;
    }

    /**
     * 查询对应的子模块信息
     *
     * @return huang
     */
    public List<Menu> getModule(int pmid) {
        String sql = "select * from t_module where pmid=?";
        Connection connection = null;
        PreparedStatement pstmt = null;
        ResultSet rs = null;
        List<Menu> list = null;
        try {
            //从数据库连接池对象中获取数据库连接对象
            connection = DruidDataSources.getConnection();
            //获取数据库连接对象并产生预声明
            //获取执行预定义 SQL 语句对象
            pstmt = connection.prepareStatement(sql);
            pstmt.setInt(1, pmid);
            rs = pstmt.executeQuery();
            //声明数组列表，用于转存查询好的数据库数据，以便可提前关闭数据库连接，不再
            //需要在 JSP 页面操作 ResultSet
            list = new ArrayList<Menu>();
            while (rs.next()) {
                Menu m = new Menu();
                m.setId(rs.getInt("moduleid"));
                m.setText(rs.getString("modulename"));
```

```
                Attributes attr = new Attributes();
                attr.setMurl(rs.getString("moduleurl"));
                attr.setPmid(rs.getInt("pmid"));
                m.setAttributes(attr);
                list.add(m);
            }
        } catch (SQLException e) {
            e.printStackTrace();
        } finally {
            //释放资源：PreparedStatement
            DruidDataSources.releaseResources(pstmt);
            //归还连接
            DruidDataSources.releaseResources(connection);
        }
        return list;
    }
}
```

（5）在包 com.huang.servlet.module 中创建查询模块信息的 Servlet 类，类名为 ModuleServlet，并在该类的 doGet()方法中增加以下代码：

```
//设置响应数据编码格式
    response.setContentType("text/html;charset=utf-8");
    PrintWriter out = response.getWriter();
    //设置请求数据编码格式
    request.setCharacterEncoding("utf-8");
    //获取模块的父模块 ID
    String pid = request.getParameter("pid");
    //获取主模块 ID
    String id = request.getParameter("id");
    ModuleService mo = new ModuleService();
    List<Menu> allPModule = mo.getAllPModule();
    JSONArray jsonArray = null;
    if (pid.equals("0"))
        jsonArray = JSONArray.fromObject(allPModule);
    else {
        List<Menu> modulelist = mo.getModule(Integer.parseInt(id));
        jsonArray = JSONArray.fromObject(modulelist);
    }
    String str = jsonArray.toString();
    out.print(str);
    out.flush();
    out.close();
```

（6）在 testEasyUI.html 页面中加入以下 JS 代码，用于加载相关模块数据。

```
<script type="text/javascript">
    $(function() {

        //父模块，装载所有的主模块
        $.ajax({
            method : 'POST',
            url : 'ModuleServlet?pid=0',        //请求查询主模块
            async : false,                      //用于标记当前是否被选择
            dataType : 'json',
            success : function(data) {          //若数据获取成功，则将主模块逐一显示
                //console.log(data);
                var flag = true;
                $.each(data, function(index, m) {
                    //console.log(m);
                    $('#mynav').accordion('add', {
                        id : m.id,          //m 为在 Servlet 中封装的 JSON 数据
                        title : m.text,
                        content : "<ul name="+m.text+" id=tree"+m.id+" ></ul>",
                        selected : flag
                    })
                    flag = false;
                })

            },
            error : function() {
                alert('error');
            }
        });
        //初始装载模块 ID 为 1（根据实际情况设值）的子模块内容
        addPanelContent(1);
        $('#mynav').accordion({
            //title 是单击父模块获得的父模块名称，index 是单击父模块的父模块节点索引，默认从 0 开始
            onSelect : function(title, index) {
                //选中主模块时装载对应的子模块
                addPanelContent(null);
            }
        })

    });
    //加载子模块
    function addPanelContent(id) {
        //获取选中主模块面板
        var temp_p = $("#mynav").accordion("getSelected");

        //console.log("haha"+temp_p("content"));
        var temp_id = temp_p.panel("options").id;    //获取选中的主模块面板的 ID
        if (id != null)
```

```
            temp_id = id;  //若 id 为空则使用选中的面板 ID，若 id 不为空则使用指定的面板 ID
            //使用 ajax 请求指定菜单下的子菜单
        $.ajax({
            method : 'POST',
            url : 'ModuleServlet?pid=1&id=' + temp_id,  //请求查询子模块
            async : false,
            dataType : 'json',
            success : function(data) {
                //console.log(data)
                //构造 tree 的 data，data 构造格式参考 EasyUI 官网 tree 的 data 格式
                var dataJson = [];
                $.each(data, function(index, m) {  //m 为在 Servlet 中封装的 JSON 数据
                    var j = {};
                    j.text = m.text;
                    j.attributes = {};
                    j.attributes.url = m.attributes.murl;
                    dataJson.push(j);
                })
                //动态添加 tree
                $("#tree" + temp_id).tree({
                    data : dataJson,
                    onClick : function(node) {
                        console.log(node);
                        var tabTitle = node.text;
                        var tabUrl = node.attributes.url;
                        if ($("#mytab").tabs("exists", tabTitle)) {  //判断该标签页是否已经存在
                            $("#mytab").tabs("select", tabTitle);
                        } else {
                            $("#mytab").tabs("add", {
                                title : tabTitle,
                                content : createUrl(tabUrl),
                                closable : true
                            });
                        }
                    }
                });
            },
            error : function() {
                alert('error');
            }
        });
    }
    //使用 iframe 转化里面的数据使之返回的是 url 里面的数据
    function createUrl(url) {
        return "<iframe src='" + url
                + "' style='border:0px;width:100%;height:95%;'></iframe>";
    }
</script>
```

（7）运行 testEasyUI.jsp 程序，页面结果如图 9-4 所示。

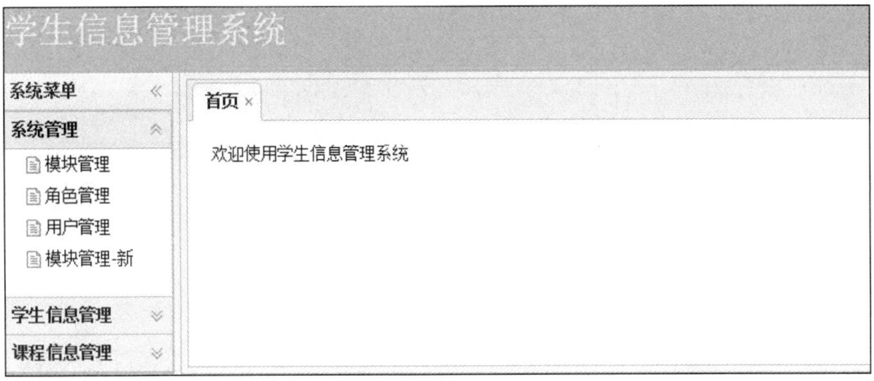

学生信息管理系统
系统菜单
系统管理
模块管理
角色管理
用户管理
模块管理-新
学生信息管理
课程信息管理
首页 ×
欢迎使用学生信息管理系统

图 9-4　testEasyUI.jsp 程序运行结果

知识解析：JSON 数据

1. 数据类型表示

JSON 格式的数据最外围是一对花括号（{}），其整体代表一个对象，里面各数据采用键/值的形式存储，数据值可以是任意类型。在表示数组及对象时，其数据格式主要有以下规则。

（1）对象。对象是一个无序的“键/值”对集合。在 JavaScript 中，一个对象是用花括号包裹起来的内容，每个键后跟一个冒号；键/值对之间使用逗号分隔。示例如下：

```
{key:value,key:value...}
```

在该样式中，key 为 string 类型，value 为任何基本类型或数据结构。

在面向对象的语言中，key 为对象的属性，value 为对应的值。示例如下：

```
{"firstName": "Huang", "lastName": "xiaoxiao","age":25}
```

（2）数组。数组在 JavaScript 中是用方括号包裹起来的内容，示例如下：

```
[value,value...]
```

其中 value 为任何基本类型或数据结构。

在 JavaScript 中，数组是一种比较特殊的数据类型，以数组索引的形式存取，也可以像对象那样使用键/值对。以下代码示例代表 users 有多组值。

```
{
    "users":[
        {
            "firstName": "Huang",
            "lastName":"xiaoxiao"
        },
        {
            "firstName":"Zeng",
            "lastName":"lulu"
        }
    ]
}
```

2. 在 Java 中使用 JSON

Java 中，使用 JSON 常需要借助第三方类库。下面是三个常用的 JSON 解析类库：

（1）FastJson：阿里巴巴集团开发的 JSON 库，性能十分优秀。

（2）Gson：谷歌公司开发的 JSON 库，功能十分全面。

（3）Jackson：社区十分活跃且更新速度很快。

以下示例是基于 FastJson 来说明的。在 FastJson 中主要提供了以下方法：

（1）JSON.parseObject()：从字符串解析 JSON 对象。

（2）JSON.parseArray()：从字符串解析 JSON 数组。

（3）JSON.toJSONString(obj/array)：将 JSON 对象或 JSON 数组转化为字符串。

示例 1：JSON 对象与字符串的相互转化。

```
//从字符串解析 JSON 对象
JSONObject oj=JSON.parseObject("{\"testStr\":\"JSON 格式数据\"}");
//从字符串解析 JSON 数组
JSONArray ar=JSON.parseArray("[\"JSON 格式数据\",\"testStr\"]\n");
//将 JSON 对象转化为字符串
String strOj=JSON.toJSONString(oj);
//将 JSON 数组转化为字符串
String strAr=JSON.toJSONString(ar);
```

示例 2：从 Java 变量到 JSON 格式的编码。

```
JSONObject oj=new JSONObject();
//整数
oj.put("int",10);
//布尔
oj.put("bool",false);
//字符串
oj.put("str","huang");
//空值
oj.put("null",null);
//数组
List<Integer> ints = Arrays.asList(10,15,20);
oj.put("list",ints);
System.out.println(oj);
```

示例 3：从 JSON 对象到 Java 变量的解码。

```
JSONObject oj=JSONObject.parseObject("{\"int\":2\"bool\":flase,\"str\":\"huang\",\"list\":[10,15,20], \"null\":null}");
//整数
int i= oj.getIntValue("int");
System.out.println(i);
//布尔
boolean bl= oj.getBooleanValue("boolean");
System.out.println(bl);
//字符串
String str= oj.getString("string");
System.out.println(str);
//空值
```

```
System.out.println(oj.getString("null"));
//数组
List<Integer> integers = JSON.parseArray(oj.getJSONArray("list").toJSONString(),Integer.class);
integers.forEach(System.out::println);
```

任务 9–2　课程信息模块的实现

课程信息模块的实现

任务目标

能利用 EasyUI 实现数据分页展示。

任务要求

完善学生管理系统 StudentPro 项目中的课程信息管理功能，本任务要求利用 EasyUI 完成具有课程信息增加、删除、修改及查询功能的前端页面，并完成分页查询。

实施过程

1. 分页查询课程信息

（1）根据 EasyUI 分页组件设置的需要，在 com.huang.pojo 包中创建一个 PagerBean 实体类，用于记录总数及数据。该类的代码如下：

```
public class PagerBean<T> {
    private int total;
    private ArrayList<T> rows;
    /**
     * @return the total
     */
    public int getTotal() {
        return total;
    }
    /**
     * @param total the total to set
     */
    public void setTotal(int total) {
        this.total = total;
    }
    /**
     * @return the rows
     */
    public ArrayList<T> getRows() {
        return rows;
    }
    /**
     * @param rows the rows to set
     */
```

```
        public void setRows(ArrayList<T> rows) {
            this.rows = rows;
        }
    }
```

（2）在com.huang.pojo包中，创建课程信息实体类Courses类，该类的代码如下：

```
public class Courses {
String courseCode;      //课程编号
String courseName;      //课程名称
int courseHours;        //课程学时
float courseCredit;     //课程学分

public Courses(String courseCode, String courseName, int courseHours, float courseCredit) {
    this.courseCode = courseCode;
    this.courseName = courseName;
    this.courseHours = courseHours;
    this.courseCredit = courseCredit;
}

public Courses() {
}
/**
 * @return the courseCode
 */
public String getCourseCode() {
    return courseCode;
}
/**
 * @param courseCode the courseCode to set
 */
public void setCourseCode(String courseCode) {
    this.courseCode = courseCode;
}
/**
 * @return the courseName
 */
public String getCourseName() {
    return courseName;
}
/**
 * @param courseName the courseName to set
 */
public void setCourseName(String courseName) {
    this.courseName = courseName;
}
/**
 * @return the courseHours
```

```
    */
    public int getCourseHours() {
        return courseHours;
    }
    /**
     * @param courseHours the courseHours to set
     */
    public void setCourseHours(int courseHours) {
        this.courseHours = courseHours;
    }
    /**
     * @return the courseCredit
     */
    public float getCourseCredit() {
        return courseCredit;
    }
    /**
     * @param courseCredit the courseCredit to set
     */
    public void setCourseCredit(float courseCredit) {
        this.courseCredit = courseCredit;
    }
}
```

（3）在 com.huang.service 包中，新建一个 CourseService 类，该类提供对外服务方法，完成课程信息相关业务逻辑的处理。

```
public class CourseService {
        //获取分页数据
    public String getPage(int currPage, int pageSize) {
        PagerBean<Courses> page = new PagerBean<>();
        Connection connection = null;
        PreparedStatement pstmt = null;
        int a = (currPage - 1) * pageSize;
        int b = pageSize;
        String sql = "select * from t_course limit ?,?;";
        List<Courses> list = new ArrayList<>();
        try {
            //通过 DruidDBHelper 数据库连接池工具类进行查询
            list=DruidDBHelper.queryList(sql, Courses.class, new Object[] {a,b});

        } catch (Exception e) {
            e.printStackTrace();
        }

        int total = getTotal();
        page.setTotal(total);
        page.setRows((ArrayList)list);
```

```
            return JSON.toJSONString(page, true);
        }

        //获取总记录数
        private int getTotal() {
            Connection connection = null;
            PreparedStatement pstmt = null;
            String sql = "select count(*) from t_course;";
            //得到查询结果集 ResultSet
            ResultSet rs = null;
            int a = -1;
            try {
                //从数据库连接池对象中获取数据库连接对象
                connection = DruidDataSources.getConnection();
                //获取执行预定义 SQL 语句对象
                pstmt = connection.prepareStatement(sql);

                rs = pstmt.executeQuery();

                if (rs.next()) {
                    a = rs.getInt(1);
                }
            } catch (SQLException e) {
                e.printStackTrace();
            } finally {
                //释放资源：PreparedStatement
                DruidDataSources.releaseResources(pstmt);
                //归还连接
                DruidDataSources.releaseResources(connection);
                //释放资源：数据库连接池
            }
            return a;
        }
    }
```

（4）在包 com.huang.servlet.course 中创建一个 Servlet 类 CourseServlet，并修改其中的 doGet()方法，代码如下：

```
    String flag = request.getParameter("flag");
        if (flag == null) {
            doPager(request, response);
        } else if ("add".equals(flag)) {
            doAddOrUpdate(request, response,flag);
        } else if ("update".equals(flag)) {
            doAddOrUpdate(request, response,flag);
        } else if ("delete".equals(flag)) {
            doDel(request, response);
```

```
        } else if ("updateUI".equals(flag)) {
            doUpdateUI(request, response);
        }
```

该 doGet()方法通过从客户端获取一个标志参数 flag，来区分数据的增加、删除、修改、查询等操作。在前端页面发送请求时，需要配置传输 flag 这一标志参数。

（5）在 CourseServlet 类中新增一个 doPager()方法，用于完成分页数据请求与响应业务。

```
    private void doPager(HttpServletRequest request, HttpServletResponse response) throws ServletException,
IOException {
        //TODO Auto-generated method stub
        request.setCharacterEncoding("utf-8");
        response.setContentType("application/json;charset=utf-8");
        int currPage=Integer.parseInt(request.getParameter("page"));
        int pageSize=Integer.parseInt(request.getParameter("rows"));
        CourseService service=new CourseService();
        String str=service.getPage(currPage,pageSize);
        //System.out.println(str);
        response.getWriter().write(str);
    }
```

（6）在 WebContent 根目录下，新建一个文件夹 coursepage，然后在该文件夹中新建一个 JSP 页面 man_course.jsp。页面 HTML 结构如下：

```
    <%@ page language="java" contentType="text/html; charset=UTF-8"
        pageEncoding="UTF-8"%>
    <!DOCTYPE html PUBLIC "-//W3C//DTD HTML 4.01 Transitional//EN" "http://www.w3.org/TR/html4/
        loose.dtd">
    <html>
    <head>
    <meta http-equiv="Content-Type" content="text/html; charset=UTF-8">
    <title>课程管理页</title>
    </head>
    <body>
        <table id="dg"></table>
        <div id="dlg" class="easyui-dialog"
            style="width: 500px; height: 300px; padding: 10px 20px;" closed="true"
            buttons="#dlg-buttons">
            <form id="fm" method="post">
            <input type="hidden" name="cCode" id="cCode" />
                <div class="fitem">
                    课程编码<input id="courseCode" name="courseCode"
                        class="easyui-validatebox" />
                </div>
                <div class="fitem">
                    课程名称<input id="courseName" name="courseName"
                        class="easyui-validatebox" />
                </div>
                <div class="fitem">
```

```
                课程学时<input id="courseHours" name="courseHours"
                    class="easyui-validatebox" />
            </div>
            <div class="fitem">
                课程学分<input id="courseCredit" name="courseCredit"
                    class="easyui-validatebox" />
            </div>
        </form>
    </div>
    <div id="dlg-buttons">
        <a href="javascript:void(0)" class="easyui-linkbutton"
            id="dosave" iconcls="icon-save">保存</a> <a
            href="javascript:void(0)" class="easyui-linkbutton"
            id="docancel" iconcls="icon-cancel">取消</a>
    </div>

</body>
</html>
```

（7）在 man_course.jsp 页面中，增加 EasyUI 中相关的 CSS、JS 库，并对页面组件进行相应的 CSS 样式规定。相关代码内容如下：

```
<link rel="stylesheet" type="text/css"
    href="${pageContext.request.contextPath}/easyui/themes/default/easyui.css">
<link rel="stylesheet" type="text/css"
    href="${pageContext.request.contextPath}/easyui/themes/icon.css">
<script type="text/javascript" src="${pageContext.request.contextPath}/easyui/jquery.min.js"></script>
<script type="text/javascript" src="${pageContext.request.contextPath}/easyui/jquery.easyui.min.js"></script>
<script type="text/javascript" src="${pageContext.request.contextPath}/js/jquery.form.min.js"></script>
<script type="text/javascript" src="${pageContext.request.contextPath}/js/jquery.utils.js"></script>
<style type="text/css">
#fm {
    margin: 0;
    padding: 10px 30px;
}

.ftitle {
    font-size: 14px;
    font-weight: bold;
    padding: 5px 0;
    margin-bottom: 10px;
    border-bottom: 1px solid #ccc;
}

.fitem {
    margin-bottom: 5px;
}
```

```
.fitem label {
    display: inline-block;
    width: 80px;
}
</style>
```

其中，${pageContext.request.contextPath}表示获取当前页面上下文路径，以便在各页面请求转发时保持正确的路径。

（8）修改 man_course.jsp 页面代码，为之增加 JavaScript 前端交互代码。内容如下：

```
<script type="text/javascript">
//新增或修改课程模块记录的对话框窗口
var dlg_dg = null;
var dg_grid = null;
/**
 * 定义增加/修改课程模块的窗口的配置
 */
var dlg_opts = {
    title : " 添加新课程",
    iconCls : "icon-add",
    top : 5,            //距离中间区域的最上端的长度
    width : 400,        //窗口宽度
    height: 450,        //窗口高度
    closed : true,      //是否关闭
    modal : true        //是否模式化，如果为 true，则打开此窗口后，只能操作该窗口中的界面
};
var dg_grid_opts={url : "${pageContext.request.contextPath}/CourseServlet",
    nowrap : true,
    fit : true,
    fitColumns : false,
    border : false,
    rownumbers : true,
    idField : 'courseCode',
    remoteSort : false,
    singleSelect : true,
    checkOnSelect : true,
    selectOnCheck : true,
    showPageList : true,
    pageList: [5,10,20],     //选择一页显示多少数据
    pagination : true,       //在 DataGrid 控件底部显示分页工具栏
    pageSize:5,
    columns : [ [ {
        field : 'courseCode',
        title : '课程编码',
        width :   $(this).width()*0.2
    }, {
        field : 'courseName',
        title : '课程名称',
```

```
        width :   $(this).width()*0.5
    }, {
        field : 'courseHours',
        title : '课程学时',
        width :   $(this).width()*0.15
    }, {
        field : 'courseCredit',
        title : '课程学分 ',
        width :   $(this).width()*0.15
    }  ]],
    toolbar : [ {
        text : '新增',
        iconCls : 'icon-add',
        handler : function() {
            toAdd();
        }
    }, '-', {
        text : '修改',
        iconCls : 'icon-edit',
        handler : function() {
            toModify();
        }
    }, '-', {
        text : '删除',
        iconCls : 'icon-remove',
        handler : function() {
            doDelete();
        }
    } ]}
    $(function() {
        dg_grid = $("#dg").datagrid(dg_grid_opts);
        //初始化增加/修改课程的对话框窗口
        dlg_dg = $("#dlg").dialog(dlg_opts);
        });
    function clearCourseForm(){
        document.forms["fm"].reset();
        dlg_dg.dialog({
            closed : true
        });
    }
    function alertMsg(msg){
        $.messager.alert("提示信息", msg);
    }

        /**
     * 显示提示信息的函数（在窗口右下角浮动显示，并会自动关闭）
```

```
         * @param msg
         */
        function showMsg(msg) {
            $.messager.show({
                height : "auto",
                title : "系统提示",
                msg : msg
            });
        }

</script>
```

运行 Tomcat，执行结果如图 9-5 所示（需先在模块管理中增加课程信息管理模块）。

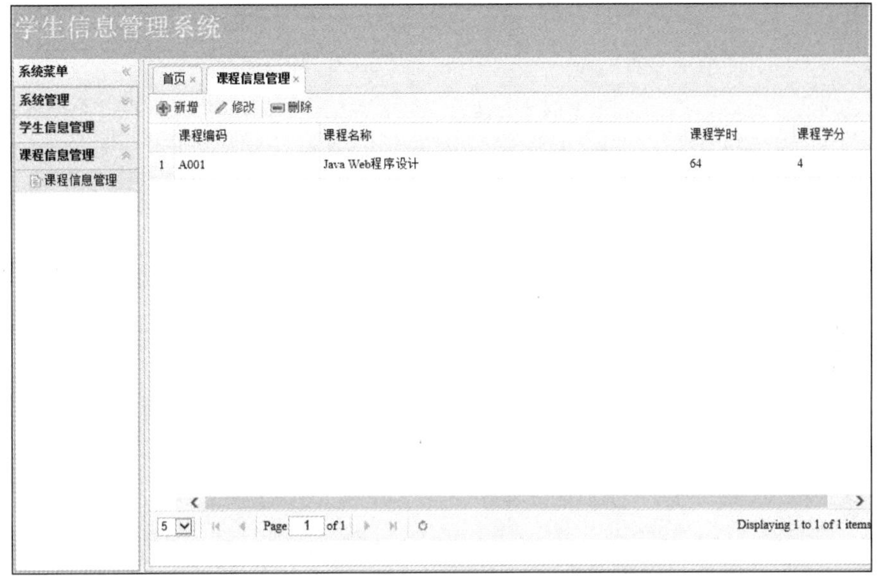

图 9-5　分页查询课程信息功能图

2. 增加与修改课程信息

因课程信息的增加与修改操作在前后端的设计非常类似，因此在本案例的设计中，将增加与修改操作融合在一起处理，并通过标识信息来区分。

（1）修改 CourseService 类，在该类中增加两个方法 SetCourse()及 getCourseByCode()，该方法通过 flag 标识位来选择增加或修改操作。

```
/**
     * 更新一课程信息
     *
     * @param course
     * @return huang
     */
        public int SetCourse(Courses course,String flag) {
        int result = 0;
        String coursecode = course.getCourseCode();
```

```
        String sql = "update t_course set courseName=?,courseHours=?,courseCredit=? where courseCode=?";
        //若学号为空，则进行增加操作
        if (flag.equals("add")) {
            sql = "insert into t_course(courseName, courseHours, courseCredit,courseCode) values(?,?,?,?)";
        }
        //创建 DbConn 对象
        Connection dbconn = null;
        PreparedStatement pstmt = null;
        try {
            //调用数据库连接池工具，执行增加或修改操作
            String[] temp=new String[]{course.getCourseName(),course.getCourseHours()+"",
                    course.getCourseCredit()+"",coursecode};
            result=DruidDBHelper.update(sql, temp);

        } catch (Exception e) {
            e.printStackTrace();
        }
        return result;
    }
/**
     * 查询某一课程信息，用于详情展示及修改数据
     *
     * @return huang
     */
    public Courses getCourseByCode(String courseCode) {
        String sql = "select courseCode,courseName, courseHours,courseCredit from t_course where courseCode=?";
        Courses course = null;
        try {
            //通过 DruidDBHelper 数据库连接池工具类进行查询
            course=DruidDBHelper.query(sql, Courses.class, courseCode);
        } catch (Exception e) {
            e.printStackTrace();
        }
        return course;
    }
```

（2）在 CourseServlet 类中增加两个方法 doAddOrUpdate()、doUpdateUI()，代码如下：

```
    //执行增加或修改操作的逻辑控制
    private void doAddOrUpdate(HttpServletRequest request, HttpServletResponse response,String flag) throws
ServletException, IOException {
        //TODO Auto-generated method stub
        //设置响应数据编码格式
                response.setContentType("text/html;charset=utf-8");
                //设置请求数据编码格式
                request.setCharacterEncoding("utf-8");
                String coursename = request.getParameter("courseName");
                String coursecode = request.getParameter("courseCode");
```

```
                String ccode = request.getParameter("cCode");
                String coursecredit = request.getParameter("courseCredit");
                String coursehours = request.getParameter("courseHours");
                if (coursecredit == null || coursecredit.equals(""))
                    coursecredit = "0";
                if (coursehours == null || coursehours.equals(""))
                    coursehours = "0";
                JSONObject json = new JSONObject();
                CourseService cs=new CourseService();
                String str="修改成功";
                if(flag.equals("add")) {
                    ccode=coursecode;
                    str="增加成功";
                }
                Courses course=new Courses(ccode,coursename,Integer.parseInt(coursehours),
                    Float.parseFloat(coursecredit));
                int a=cs.SetCourse(course,flag);
                if(a>0) {
                    json.put("success", "true");
                    json.put("suc", 1);
                    json.put("msg", str);
                    response.getWriter().write(json.toString());
                }else {
                    json.put("error", "false");
                }
        }
    //执行修改操作前获取相关数据的逻辑控制
    private void doUpdateUI(HttpServletRequest request, HttpServletResponse response) throws ServletException,
IOException {
            //TODO Auto-generated method stub
            //设置响应数据编码格式
                response.setContentType("text/html;charset=utf-8");
                //设置请求数据编码格式
                request.setCharacterEncoding("utf-8");
                String courseCode = request.getParameter("courseCode");

                CourseService cs=new CourseService();
                Courses course=cs.getCourseByCode(courseCode);
                request.setAttribute("course", course);
        }
```

（3）在 man_course.jsp 页面的 JavaScript 中，在对应的部分修改相关内容如下：

```
    $(function() {
        dg_grid = $("#dg").datagrid(dg_grid_opts);
        //初始化增加/修改课程的对话框窗口
        dlg_dg = $("#dlg").dialog(dlg_opts);
        /**
```

```
         * 新增或修改课程记录的窗口中确定（保存）按钮的单击触发事件
         */
        $("#dosave").click(doSaveOrModify);
        /**
         * 新增/修改课程窗口中的取消按钮的触发事件
         */
        $("#docancel").click(function() {
            clearCourseForm();
        });
    });
```

（4）在 man_course.jsp 页面中的 JavaScript 中，增加以下三个方法：

```
    /**
     * 单击工具栏中的增加按钮后触发的函数
     */
    function toAdd() {
        //清空新增课程的 form
        clearCourseForm();
        //打开增加课程的对话框
        dlg_dg.dialog({
            title : "添加新课程",
            iconCls : "icon-add",
        }).dialog("open");
    }
    /**
     * 单击工具栏中的修改按钮后触发的函数
     */
    function toModify() {
        //获取选中的要修改的记录
        var rows = dg_grid.datagrid("getSelections");
        if(rows!=null&&rows.length>1){
            alertMsg("不能同时修改多条数据！");
            dg_grid.datagrid("clearSelections");
            return;
        }
        var row = dg_grid.datagrid("getSelected");
        if (row == null) {
            alertMsg("请选择要修改的数据行。");
        } else {

            //延时 1 秒加载表单各值，以避免下拉菜单还未构建完成就执行初始化选定项
            setTimeout(function(){
                //从列表中获取选中记录的相关数据并初始化到修改窗口的各相应字段中，
                //如果数据不够可用 ajax 从后台获取
                $("#fm").form("load", row);
                $("#cCode").val(row.courseCode);   //设置隐藏的课程编码，不作修改
            },1000);
```

```
            //打开修改记录的对话框
            dlg_dg.dialog({
                title : "修改课程数据",      //设置对话框标题
                iconCls : "icon-edit" ,      //设置对话框图标
            }).dialog("open");
        }
    }
    /**
     * 单击新增或修改课程记录的窗口中确定（保存）按钮后触发的函数
     */
    function doSaveOrModify() {
        //调用表单的验证方法，主要验证表单中设置的非空字段
        var v = $("#fm").form("validate");
        //设置增加记录功能的相关配置项
        var add_opts = {
            //处理新增记录的后台 URL 地址
            url : "${pageContext.request.contextPath}/CourseServlet?flag=add",
            //提交前执行的方法，一般用于验证表单，v 为 true 时才会成功提交。也可在下面
            //这个函数中扩展自定义验证规则
            beforeSubmit : function(formData, jqForm, options) {
                return v;
            },
            //表单提交成功后的回调函数
            success : function(responseText, statusText, xhr,
                    $form) {
                //responseText 接收后台返回的 EASYUIMODEL，statusText 为 success 表示提交成功
                if (statusText == "success") {
                    $.messager.alert("提示信息", JSON.parse(responseText).msg);
                    //showMsg(responseText[msg]);
                    if (JSON.parse(responseText).suc == 1) {
                        //清空表单
                        clearCourseForm();
                        //重新加载列表
                        dg_grid.datagrid("reload");
                    }

                } else {
                    //弹出错误提示信息
                    alertMsg("系统通信错误，请稍后再试.");
                }
            }
        };
        var row =dg_grid.datagrid("getSelected");
        //设置修改记录功能的相关配置项
        var edit_opts = {
            url : "${pageContext.request.contextPath}/CourseServlet?flag=update",
```

```
                beforeSubmit : function(formData, jqForm, options) {
                    return v;
                },
                success : function(responseText, statusText, xhr,
                        $form) {
                    if (statusText == "success") {
                        showMsg(JSON.parse(responseText).msg);
                        if (JSON.parse(responseText).suc == 1) {
                            clearCourseForm();
                            dg_grid.datagrid("reload");
                        }
                    } else {
                        alertMsg("系统通信错误，请稍后再试.");
                    }
                }
            };
            //获取窗口的标题
            var t = dlg_dg.dialog("options").title;
            //若标题含有“添加”字眼，则提交添加请求
            if (t.indexOf("添加") != -1) {
                $("#fm").ajaxSubmit(add_opts);
            } else {
                //否则提交修改请求
                $("#fm").ajaxSubmit(edit_opts);
            }
        }
```

运行 Tomcat，执行结果如图 9-6 所示。

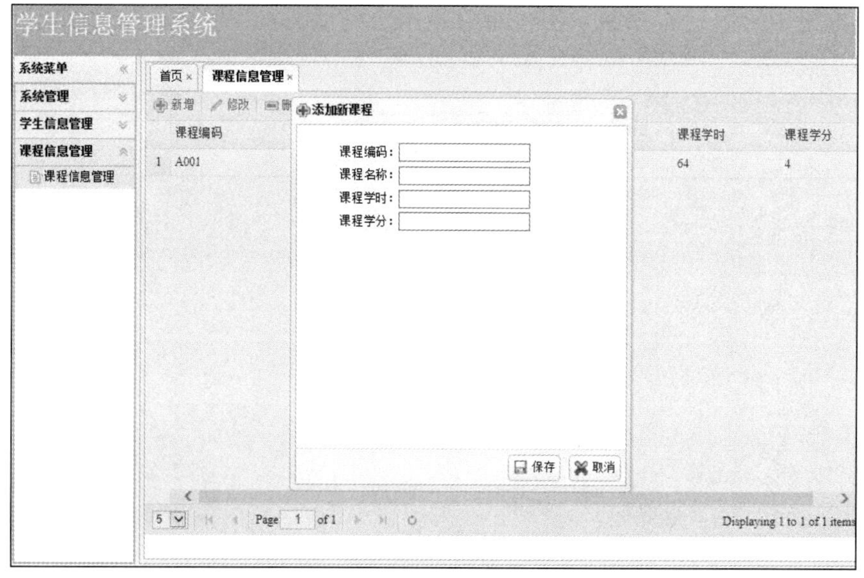

图 9-6　增加课程功能运行结果

3. 删除课程信息

（1）修改 CourseService 类，在该类中增加一个方法 delCourse()，该方法用于实现课程信息删除业务。

```
/**
 * 删除某课程信息
 *
 * @param courseCode
 * @return huang
 */
public int delCourse(String courseCode) {
	int result = 0;
	String sql = "delete from t_course where coursecode=?";

	try {
		//调用数据库连接池工具，执行删除操作
		result=DruidDBHelper.update(sql, courseCode);

	} catch (Exception e) {
		e.printStackTrace();
	}
	return result;
}
```

（2）在 CourseServlet 类中，新增一个方法 doDelete()。代码内容如下：

```
private void doDel(HttpServletRequest request, HttpServletResponse response)  throws ServletException,
IOException{
	//TODO Auto-generated method stub
	//设置响应数据编码格式
			response.setContentType("text/html;charset=utf-8");
			//设置请求数据编码格式
			request.setCharacterEncoding("utf-8");
			String courseCode = request.getParameter("courseCode");
			JSONObject json = new JSONObject();
			CourseService cs=new CourseService();
			int a=cs.delCourse(courseCode);
			if(a>0) {
				json.put("success", "true");
				json.put("suc", 1);
				json.put("msg", "修改成功");
				response.getWriter().write(json.toString());
			} else{
				json.put("error", "false");
			}
}
```

（3）在 man_course.jsp 页面中，增加一个方法 doDelete()，用于发出删除请求及回显结果信息。

```
/**
 * 单击工具栏中的删除按钮时触发的函数
 */
function doDelete(){
    //获取选中的要删除的数据
    var row = dg_grid.datagrid("getSelected");
    if (row == null) {
        alertMsg("请选择要删除的数据行");
    } else {
        $.messager.confirm("提示信息", "<br/>您确定要删除该课程的数据吗?", function(d) {
            if (d) {
                //用 post 方法发出 ajax 请求，将该数据从后台数据库删除
                $.post('${pageContext.request.contextPath}/CourseServlet', {
                    //请求中若带有参数可用以下格式传递到后台
                    flag : 'delete',courseCode:row.courseCode

                }, function(result) {
                    //对 result 进行格式化
                    //var res = eval('(' + result + ')');
                    //输出删除后的结果
                    showMsg(JSON.parse(result).msg);
                    //如果删除成功，则重新加载整个列表
                    if (JSON.parse(result).suc == 1)
                        dg_grid.datagrid("reload");
                    //删除以后一定要清楚原来的选中项，否则会影响接下来的操作
                    dg_grid.datagrid("clearSelections");
                });
            }
        });
    }
}
```

运行 Tomcat，执行结果如图 9-7 所示。

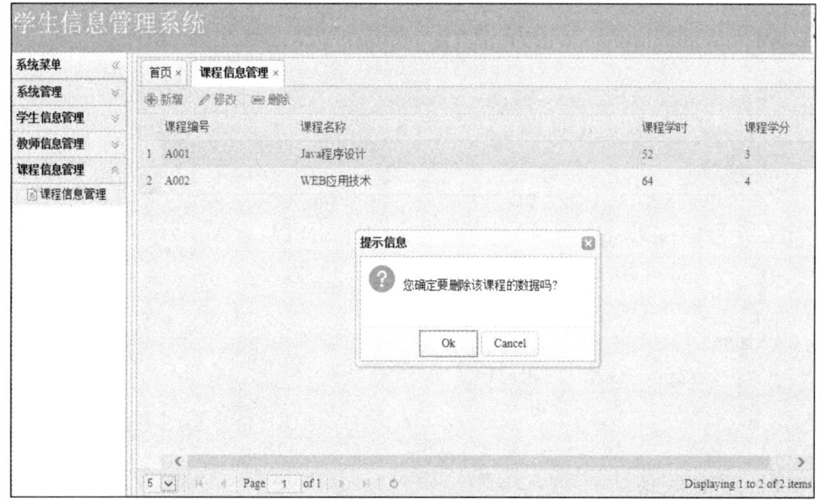

图 9-7 删除课程信息执行结果

拓 展 任 务

本阶段拓展任务要求

（1）根据本项目任务 9-1 的内容，完成图书商城管理系统主页面布局及左侧菜单栏的设计。

（2）根据本项目任务 9-2 的内容，完成图书商城管理系统中的图书信息增加、删除、修改以及分页查询功能。

（3）为图书商城管理系统增加购物车功能。

拓展任务实施参考步骤

参见本项目内容完成。

课 后 习 题

（1）据你的了解，目前除 EasyUI 外，还有哪些常用第三方前端插件？

（2）EasyUI 有哪些特点？在 Java Web 中使用的大致步骤是怎样的？

（3）使用 EasyUI，一般需要引入哪些 CSS、JS 库文件？

参 考 文 献

[1] 耿祥义，张跃平．面向对象与设计模式[M]．北京：清华大学出版社，2013．
[2] 黄日胜，李和香．Java 程序设计[M]．北京：北京理工大学出版社，2012．
[3] 刘勇军，韩最蛟．Java Web 核心编程技术（JSP、Servlet 编程）[M]．北京：电子工业出版社，2014．
[4] 施尧．jQuery EasyUI 从零开始学[M]．北京：清华大学出版社，2018．